U0340213

高新技术科普丛书（第2辑）　　　　主编　顾为望

玉兔香猪皆有情
——实验动物技术与人类健康

广东省出版集团
广东科技出版社
·广州·

图书在版编目（CIP）数据

玉兔香猪皆有情：实验动物技术与人类健康／顾为望主编 .—广州：广东科技出版社，2013.10
（高新技术科普丛书 . 第 2 辑）
ISBN 978-7-5359-5833-4

Ⅰ . ①玉… Ⅱ . ①顾… Ⅲ . ①实验动物学—普及读物
Ⅳ . ① Q95-33

中国版本图书馆 CIP 数据核字（2013）第 220764 号

责任编辑：区燕宜
美术总监：林少娟
版式设计：黄海波（阳光设计工作室）
责任校对：陈　静
责任印制：任建强

玉兔香猪皆有情
　　　——实验动物技术与人类健康

Yutu Xiangzhu Jieyouqing
　　——Shiyan Dongwu Jishu Yu Renlei Jiankang

出版发行：广东科技出版社
　　　　　（广州市环市东路水荫路 11 号　邮政编码：510075）
http://www.gdstp.com.cn
E-mail: gdkjyxb@gdstp.com.cn（营销中心）
E-mail: gdkjzbb@gdstp.com.cn（总编办）
经　　销：广东新华发行集团股份有限公司
印　　刷：广州市岭美彩印有限公司
　　　　　（广州市荔湾区花地大道南海南工商贸易区 A 幢　邮政编码：510385）
规　　格：889mm×1 194mm　1/32　印张 5　字数 120 千
版　　次：2013 年 10 月第 1 版
　　　　　2013 年 10 月第 1 次印刷
定　　价：23.80 元

《高新技术科普丛书》（第2辑）编委会

本套丛书由广州市科技和信息化局、广州市科技进步基金会资助创作和出版

序一

　　精彩绝伦的广州亚运会开幕式，流光溢彩、美轮美奂的广州灯光夜景，令广州一夜成名，也充分展示了广州在高新技术发展中取得的成就。这种高新科技与艺术的完美结合，在受到世界各国传媒和亚运会来宾的热烈赞扬的同时，也使广州人民倍感自豪，并唤起了公众科技创新的意识和对科技创新的关注。

　　广州，这座南中国最具活力的现代化城市，诞生了中国第一家免费电子邮局；拥有全国城市中位列第一的网民数量；广州的装备制造、生物医药、电子信息等高新技术产业发展迅猛，将这些高新技术知识普及给公众，以提高公众的科学素养，具有现实和深远的意义，也是我们科学工作者责无旁贷的历史使命。为此，广州市科技和信息化局与广州市科技进步基金会资助推出《高新技术科普丛书》。这又是广州一件有重大意义的科普盛事，这将为人们提供打开科学大门、了解高新技术的"金钥匙"。

　　丛书内容包括生物医学、电子信息以及新能源、新材料等板块，有《量体裁药不是梦——从基因到个体化用药》《网事真不如烟——互联网的现在与未来》《上天入地觅"新能"——新能源和可再生能源》《探"显"之旅——近代平板显示技术》《七彩霓裳新光源——LED与现代生活》以及关于干细胞、生物导弹、分子诊断、基因药物、软件、物联网、数字家庭、新材料、电动汽车等多方面的图书。以后还要按照高新技术的新发展，继续编创出版新的高新技术科普图书。

我长期从事医学科研和临床医学工作，深深了解生物医学对于今后医学发展的划时代意义，深知医学是与人文科学联系最密切的一门学科。因此，在宣传高新科技知识的同时，要注意与人文思想相结合。传播科学知识，不能视为单纯的自然科学，必须融汇人文科学的知识。这些科普图书正是秉持这样的理念，把人文科学融汇于全书的字里行间，让读者爱不释手。

　　丛书采用了吸收新闻元素、流行元素并予以创新的写法，充分体现了海纳百川、兼收并蓄的岭南文化特色。并按照当今"读图时代"的理念，加插了大量故事化、生活化的生动活泼的插图，把复杂的科技原理变成浅显易懂的图解，使整套丛书集科学性、通俗性、趣味性、艺术性于一体，美不胜收。

　　我一向认为，科技知识深奥广博，又与千家万户息息相关。因此科普工作与科研工作一样重要，唯有用科研的精神和态度来对待科普创作，才有可能出精品。用准确生动、深入浅出的形式，把深奥的科技知识和精邃的科学方法向大众传播，使大众读得懂、喜欢读，并有所感悟，这是我本人多年来一直最想做的事情之一。

　　我欣喜地看到，广东省科普作家协会的专家们与来自广州地区研发单位的作者们一道，在这方面成功地开创了一条科普创作新路。我衷心祝愿广州市的科普工作和科普创作不断取得更大的成就！

中国工程院院士　钟南山

让高新科学技术星火燎原

21世纪第二个十年伊始，广州就迎来喜事连连。广州亚运会成功举办，这是亚洲体育界的盛事；《高新技术科普丛书》面世，这是广州科普界的喜事。

改革开放30多年来，广州在经济、科技、文化等各方面都取得了惊人的飞跃发展，城市面貌也变得越来越美。手机、电脑、互联网、液晶电视大屏幕、风光互补路灯等高新技术产品遍布广州，让广大人民群众的生活变得越来越美好，学习和工作越来越方便；同时，也激发了人们，特别是青少年对科学的向往和对高新技术的好奇心。所有这些都使广州形成了关注科技进步的社会氛围。

然而，如果仅限于以上对高新技术产品的感性认识，那还是远远不够的。广州要在21世纪继续保持和发挥全国领先的作用，最重要的是要培养出在科学领域敢于突破、敢于独创的领军人才，以及在高新技术研究开发领域勇于创新的尖端人才。

那么，怎样才能培养出拔尖的优秀人才呢？我想，著名科学家爱因斯坦在他的"自传"里写的一段话就很有启发意义："在12～16岁的时候，我熟悉了基础数学，包括微积分原理。这时，我幸运地接触到一些书，它们在逻辑严密性方面并不太严格，但是能够简单明了地突出基本思想。"他还明确地点出了其中的一本书：

"我还幸运地从一部卓越的通俗读物（伯恩斯坦的《自然科学通俗读本》）中知道了整个自然领域里的主要成果和方法，这部著作几乎完全局限于定性的叙述，这是一部我聚精会神地阅读了的著作。"——实际上，除了爱因斯坦以外，有许多著名科学家（以至社会科学家、文学家等），也都曾满怀感激地回忆过令他们的人生轨迹指向杰出和伟大的科普图书。

由此可见，广州市科技和信息化局与广州市科技进步基金会，联袂组织奋斗在科研与开发一线的科技人员创作本专业的科普图书，并邀请广东科普作家指导创作，这对广州今后的科技创新和人才培养，是一件具有深远战略意义的大事。

这套丛书的内容涵盖电子信息、新能源、新材料以及生物医学等领域，这些学科及其产业，都是近年来广州重点发展并取得较大成就的高新科技亮点。因此这套丛书不仅将普及科学知识，宣传广州高新技术研究和开发的成就，同时也将激励科技人员去抢占更高的科技制高点，为广州今后的科技、经济、社会全面发展作出更大贡献，并进一步推动广州的科技普及和科普创作事业发展，在全社会营造出有利于科技创新的良好氛围，促进优秀科技人才的茁壮成长，为广州在 21 世纪再创高科技辉煌打下坚实的基础！

中国科学院院士　张景中

前言

在广袤无垠的宇宙里，有一颗被称为地球的蔚蓝色星球。除了人类，地球上还生活着多种多样的生物，它们不仅使人类的生活多姿多彩，更维系着地球的生态平衡。实验动物作为生物世界中的一个特殊群体，和人类有着共同的生命起源，共用一套遗传密码，因而得以承载人类替难者的身份献身科研，牺牲自我以保人间安康。实验动物以自身独特的方式演绎神奇的生命规律，帮助我们诠释遗传奥秘，不断创造生命科学的奇迹。

实验动物学科的早期兴起以近交系动物、无菌动物、免疫缺陷动物的培育成功为标志，而转基因动物、克隆动物以及诱导多潜能干细胞动物的问世打破以往传统观念的束缚，一次次书写生命科学的奇迹，彰显生命科学时代的到来，催生生物医药产业的兴起。

国家"十二五"规划将生物技术产业作为七大战略新兴支柱产业，而实验动物学作为生物技术产业的支撑学科，其重要性更加突出。值此生命科学时代来临之际，广州市科技和信息化局及时组织编写这样一本关于实验动物的科普图书，眼光独到，富有远见。

本书作者通过生动的语言、有趣的小故事向读者介绍了有关实验动物学的基础理论及基因修饰动物、克隆动物等新技术，旨在传播实验动物学知识，激发青少年对生命科学的兴趣，吸引他们投身生命科学研究。

　　实验动物作为人类的替难者，为科学进步、社会发展和人类健康做出了巨大的牺牲和贡献，它们是生命科学发展的基石，是人类健康进步的阶梯，应该得到人类的关爱。书末介绍实验动物的伦理与福利，倡导爱护动物、珍惜生命的理念，借此提高青少年读者的人文素养和道德水平。

　　目前，国内外尚无实验动物科普著作可资借鉴，本书的出版仅起到抛砖引玉的作用，期望有更多的专家学者从事这方面的创作，以繁荣实验动物学科普园地。由于作者多为青年学者，难免有不足甚至错误之处，欢迎广大同行、读者批评指正。

CONTENTS
目录

一　漫游动物世界——认识实验动物

1　实验动物知多少 ——揭开实验动物面纱 /3
　　小动物大作为 ——什么是实验动物 /3
　　分门别类有级别 ——实验动物的分类 /4
2　"穿越"之旅 ——实验动物的前世今生 /7
　　发展先锋 ——实验动物在发达国家 /7
　　旭日东升 ——实验动物在中国 /8
　　羊城新秀 ——实验动物在广州 /10
　　明日新星 ——实验动物在未来 /12

二　实验动物大家庭

1　鼠类家族贡献大 /16
　　鼠类家族的小弟 ——小鼠 /16
　　鼠类家族的大哥 ——大鼠 /20
　　鼠类家族的另类 ——豚鼠 /23
　　鼠类家族的明星 ——地鼠 /25
2　实验兔用途广 /28
　　解剖独特，生理出奇 /28
　　食粪怪癖 /30
3　实验犬青史留名 /32
　　生活习性 /32
　　成就科学经典 /32

4　各路"猪""猴"显神威 /36
　　"天蓬元帅"谱新篇 /36
　　"齐天大圣"建奇功 /42

三　实验动物与生命科学

1　免疫缺陷动物与肿瘤研究 /46
　　没有硝烟的"战争"——抗原抗体反应 /46
　　什么是免疫缺陷动物 /48
　　裸鼠——肿瘤研究的明星 /50
　　其他免疫缺陷动物 /52

2　动物也可以"复制"——克隆动物 /54
　　科学界的喜羊羊——多利羊的诞生 /54
　　克隆动物面面观——可以克隆人吗 /61

3　脱胎换骨——转基因动物 /63
　　会发光的猴子 /67
　　转基因环保猪即将在广州诞生 /68
　　产"人奶"的牛 /69

4　器官移植传佳音 /71
　　器官移植的今古奇观 /71
　　动物子宫移植已告成功 /74
　　子宫移植研究在广州 /75
　　不孕症人越来越多 /76
　　子宫移植的医学难题 /76
　　男人可以怀胎吗 /78

5　动物实验新技术 /79
　　免疫系统重建技术 /79
　　干细胞技术 /80
　　单克隆抗体技术 /82
　　基因敲除技术 /83
　　转基因技术 /86

四 同病相"联"——人类疾病动物模型

1 模式动物与动物模型 /92
　模式动物——实验的尖兵 /94
　动物模型——人类的替身 /97

2 动物模型的分类 /104
　自发疾病的动物模型 /104
　诱发疾病的动物模型 /108

3 动物模型用处大 /112
　神农不必尝百草 /112
　罕见病可"复制" /117
　特殊的动物模型 /119

五 人文关怀——善待实验动物

1 动物福利的来龙去脉 /124
　来之不易的动物福利 /124
　世界各地动物福利概览 /127
　动物的五大自由 /133

2 善待实验动物 /135
　实验前层层把关 /135
　实验中善良抚慰 /137
　实验后仁慈终点 /142
　非人灵长类颐养天年 /143

3 动物福利对社会的影响 /145
　动物福利与道德伦理 /145
　动物福利与经济发展 /147

一　漫游动物世界

——认识实验动物

实验室

实验动物一家

一提到动物，在我们的脑海里就会浮现出：牛马猪羊鸡鸭鹅，象狮虎豹鹿猴驼，以及被当作宠物豢养的犬和猫。

当然，这些都是我们很熟悉的动物。可是，亲爱的读者，你知道吗？在动物这个大家庭里，还有一群特殊的成员，它们虽然离我们的生活远一点，我们会有点陌生，但是它们所做的贡献却与我们每一个人的生活息息相关，是我们向科学进军的特种部队，它们就是实验动物。

1 实验动物知多少
——揭开实验动物面纱

小动物大作为——什么是实验动物

名言：

> 没有对活的动物进行的实验和观察，人们就无法认识有机世界的各种规律，这是无可争议的 。
>
> ——巴甫洛夫

实验动物是生命科学殿堂中的特别"近卫军"，实验室是它们生活的天地，它们平时养尊处优、生活舒适，需要的时候勇于牺牲、献身科学。它们血统纯正、系谱清楚，每一个子代的诞生都有明确的记录，为生物医药的发展做出了重大的贡献。

动物实验是指在实验室内，为了获得有关生物学、医学等方面的新知识或解决具体问题而使用动物进行的科学研究。动物实验具有操作简便、结果直观的优点。

世界最著名的诺贝尔奖创立于 1901 年，根据瑞典化学家诺贝尔的遗嘱，他把毕生从事科学发明创造

所得的部分遗产授予世界各国在某领域中对人类做出重大贡献的人士。诺贝尔奖中有一项生理或医学奖，此奖标明了世界上最伟大的医学进步。令人惊讶的是，20世纪以来，所颁发的98个诺贝尔奖中，75个颁发给了依赖动物实验的研究。下表所列为部分与动物实验相关的诺贝尔奖项。

获奖内容	年份	所用动物
条件反射	1904	犬
胰岛素	1923	犬
抗菌药	1939	小鼠
小儿麻痹症疫苗	1954	恒河猴
获得性免疫耐受	1960	小鼠
细胞程序性凋亡	2002	秀丽隐杆线虫
基因打靶技术	2007	小鼠
细胞核重编程	2012	小鼠

分门别类有级别——实验动物的分类

憨态可掬的熊猫、翩翩起舞的丹顶鹤、冰清玉洁的雪兔、聪明伶俐的猕猴、机警乖巧的松鼠、动作灵敏的青蛙，这些都是国家保护动物，为此我国特别制定了《野生动物保护法》，根据野生动物的稀缺性，将其分为一级、二级、三级保护动物，禁止人们猎杀捕捉，电影《可可西里》中不法分子对藏羚羊的捕杀就是犯罪。实验动物是根据其微生物控制程度进行分级的,可分为普通级动物、清洁级动物、无特定病原体动物和无菌动物4个等级。

普通级动物饲养在普通环境中,它们不携带烈性传染病病原体,也不带有人兽共患病和体外寄生虫。普通级动物饲养成本较低,价格便宜。

清洁级动物比普通级动物要求严格,除普通级动物不带有的病原外,还不应携带对科学研究干扰大的病原。它们生活在屏障环境中,实验重复性和敏感性较好,是我国常用的科研用动物。

无特定病原体动物的体内没有特定的微生物和寄生虫,但带有非特定的微生物和寄生虫。它的种群来源于无菌动物或剖腹产动物,饲养在屏障环境中,是国际上公认的常用科研用动物,常用于放射、烧伤等实验研究以及血清、疫苗的制造和生物制剂的检定。

无菌动物来源于剖腹产或无菌卵的孵化,饲养在隔离环境中,利用现有的科学检测技术在动物体内外的任何部位均检测不出任何活的微生物和寄生虫。由于其体内外无菌,饲养较为困难。这

种"一菌不染"的动物在形态学和生理学等方面与常规动物不同，主要用于微生物和寄生虫、营养和代谢、老年病、肿瘤等方面的研究。

延伸阅读

你知道吗？根据动物遗传特点，实验动物又可分为近交系、封闭群（远交群）和杂交群 3 大类型。

近交系动物是指至少连续经过 20 代的全同胞兄妹交配培育而成的，品系内所有个体都可追溯到第 20 代（或更多代数）之前的一对共同祖先。近交系数达到 98.6% 以上，其群体基因达到纯合，个体间可接受组织器官移植而不发生排斥。

封闭群动物也即远交群，它们是以非近亲交配方式进行繁殖生产的一个实验动物种群，在不从外部引入新个体的条件下，至少连续繁殖 4 代以上。

杂交群动物是由不同品系或种群之间杂交产生的后代所形成的。目前，杂交群广泛应用于胚胎干细胞、移植免疫、细胞动力学等方面的研究。

2 "穿越"之旅
——实验动物的前世今生

发展先锋——实验动物在发达国家

穿越时空，纵观医学发展史，西方有文字记载的动物实验可追溯到公元前4～3世纪。但从严格意义上讲真正将动物实验作为一种研究手段则是从17世纪开始的，并取得了举世瞩目的成就。1628年，英国医生、实验生理学的创始人哈维采用犬、蛙、蛇、鱼、蟹和其他动物进行了一系列动物实验，揭开了困扰人类千年的血液循环的奥秘；1846年，德国细菌学家科赫采用牛、羊和其他动物做实验，发现了结核杆菌，阐明了结核病的传染途径；1885年，法国微生物学家巴斯德用鸟和家兔进行了狂犬病疫苗研究，发明了疫苗，对狂犬病免疫做出了重大贡献。

今天，在发达国家实验动物学已发展成为一门独立学科，在许多领域得到了广泛应用，在国民经济建设和高新技术发展方面起到了重要作用。美、英、德、法、日等国都建立了全国性现代化实验动物中心、实验研究中

将来
动物器官移植到人身上

现在
动物间器官组织异种移植

过去
发现狂犬疫苗

心，1956 年联合国成立了国际实验动物委员会。在美国，60% 以上生命科学研究课题需要实验动物，进行动物实验的人员需经过专门培训并通过考核后方可上岗，动物实验过程中需要专职兽医师进行监控。美国国立卫生研究院每年科研经费的 50% 用于动物实验有关的项目。

旭日东升——实验动物在中国

随着时代的进步和中西方文明的交流，我国实验动物科学正在迅猛发展。科学工作者利用实验动物攻关夺隘，在疫苗研制、食品安全、断肢再植、器官移植以及转基因和克隆技术等方面取得了重大突破，为人们的健康生活提供了坚实的保障。国内动物实验日渐与国外接轨，不仅各项实验标准的制定更为严格和完善，同时人们对动物福利及伦理的认识也有所提高，建立了实验动物伦理委员会。部分新技术正在赶超发达国家，小动物领域各种技术如单克隆抗体技术、转基因技术、基因敲除技术等已在许多实验室得到普及，大动物领域各种新技术如克隆技术、诱导多能干细胞技术等也正在努力赶超发达国家。

厦门大学医学院在 2010 年进行了第一例人体角膜移植，将猪角膜移植到人的眼中。经过 2 年多的临床观察，没有发生排斥反应，病人视力维持在 0.4 的良好状态，这项研究有望给无数失明患者带来光明。中国农业大学李宁院士、中国科学院广州生物医药与健康研究所赖良学博士、浙江大学肖磊教授在国内分别成功建立了体细胞克隆猪生产

技术平台，其中体细胞克隆哥廷根医用小型猪、转人溶菌酶基因克隆猪均是国际上首次获得。

羊城新秀——实验动物在广州

作为改革开放的前沿地，广州率先发展实验动物科学并位于全国各省市先进行列。2010年广东省出台《实验动物管理条例》，通过立法有效地促进了实验动物学科快速有序发展。

2002年中国科学院广州生物医药与健康研究所赖良学博士在美国密苏里大学成功制备了世界上第一头克隆猪，而后有人将这种基因修饰猪的心脏移植给狒狒存活了6个月，肾脏移植给狒狒存活了83天，克服了超急性免疫排斥反应，使异种器官移植成为可能，大大提高了人们对异种移植的信心。赖良学博士与南方医科大学顾为望教授合作，获得了带有四色荧光标记的转基因克隆猪，这标志着广东转基因克隆猪技术接近世界先进水平。

广州解放军458医院刘光泽博士课题组成功制备了高表达乙型肝炎病毒（HBV）转基因小鼠，为乙型肝炎研究提供了较理想的动物模型。2001年中国实验动物水生实验动物专业委员会成立（挂靠珠江水产研究所），2008年中医药实验动物专业委员会成立（挂靠广州中医药大学），2011年顾为望教授发起倡导成立的中国实验小型猪专业委员会成立（挂靠南方医科大学）。

广州医药工业研究院增城比格犬种子基地国内驰名，每年向全国各地医药科研单位供应大量比格犬；广州实验用猴（食蟹猴和猕猴）年产量数万只，这一切都为我国生物医药研究做出了杰出的贡献。

小故事

万能猪即将开启的人体组装时代

2002年3月，一只粉嫩小猪乔伊登上了美国《自然》杂志生物科技分册的封面，它高昂的头颅和淡定的表情向世界宣告：基因修饰猪的时代来临了！它预示着，将动物的器官移植到人类身上已经不再遥不可及了。科学家已成功将猪的角膜移植到人体近3年，患者视力达0.4；猪心脏瓣膜用于修补先天性瓣膜缺损已形成商品供应；商品化的猪的胰岛细胞用于治疗人的糖尿病；敲除$\alpha-1$，3半乳糖转移酶基因并转入人的抗血管反应基因的猪心脏，移植给狒狒后存活了236天，这表明，异种器官移植进入临床应用可以说指日可待。医学界认为如果移植后器官能存活一年以上，标志着这项技术可以进入临床实验阶段，目前，关于器官移植已取得了较为显著的进展，像乔伊一样的转基因克隆猪被称为"万能猪"，由于价值昂贵，身价不菲，号称"百万美元猪"。实际上，用"万能猪"身上的"零件"来供应人类异种移植所需要的组织器官，这听起来很"科幻"，但现在部分已成为现实，如组织、细胞移植。英国《泰晤士报》更放言：十年之内经过基因改造的猪器官可应用于临床病人。

明日新星——实验动物在未来

进入 21 世纪，生命科学与生物技术已经成为当今最为活跃的科技领域之一。实验动物为生命科学和现代生物学的发展做出了巨大的贡献，构成了"实验动物 —现代生物技术 —新一代实验动物"的良性循环发展。

随着社会的不断发展，人们对生活质量有了更高的追求，不断出现一些转基因食品、高效新药。但是，谁能保证这些转基因食品的安全性？谁去做这些高效新药的第一个试验者？这些困扰人们的问题将会借助实验动物一一得以解决。相信在不久的将来，实验动物必将在新药及医疗器械研发、异种器官移植、转基因研究、再生医学等生命科学的各个领域发挥更大的作用。

展望未来，动物的心脏将会在人体内跳动，盲人或许可以通过动物的眼睛看世界，动物的器官可以解决人类器官移植短缺的困境，这样的场景已经不再遥远。

实验动物作为明日新星，已经步入我们的生活。让我们通过本书掀起实验动物的"盖头"来，一起去感受其独特的魅力。

二　实验动物大家庭

小故事

海洋哺乳动物的精彩表演

如今，在世界各国的动物园里大多会开设海洋动物馆，在这些海洋动物馆里，最受观众欢迎的莫过于海洋哺乳动物的精彩表演了。比如在广州动物园的海洋馆里，便有鲸鱼在表演池里环游并跃起顶球，以及让饲养员站在鲸背上疾游的惊险表演，而更精彩的是海狮上岸，在池边玩篮球的表演。只见胖胖的海狮会用前鳍运球，再把球稳稳地投入篮筐，投篮成功后，海狮会很滑稽地用双前鳍"鼓掌"为自己加油，而全场观众也会报以热烈的掌声和欢呼声。投篮表演结束后，工作人员会推出一个两层领奖台，这时海狮便会毫不客气爬上最高一层，边向观众挥"手"致意，边接受饲养员献上的鲜花和奖品——它爱吃的鱼。这贪吃的海狮甚至在拿到奖品时就心急地打开奖品袋，还来不及下领奖台就抓起鱼来大快朵颐，其憨态可掬，逗得全场观众哄堂大笑。

为什么这些动物会有这么有趣的表演呢？这些鲸鱼和海狮是受过训练的，它的动作是建立在"条件反射"的基础上的。何谓条件反射？1904年，俄国生理学家巴甫洛夫用狗做"条件反射"试验，狗听到与食物相伴的铃声不断重复后，即建立起条件反射，即使没有食物，只听到铃声也会流出唾液。同样，海狮之所以看到篮球和篮球架就会去投篮，看到领奖台就会爬上最高一层去领奖，是这些道具长期与它最喜欢的鱼相伴而形成的"条件反射"动作。它看到鱼就会这样做。鲸鱼的训练也是根据这个原理。

小故事

鼠宝宝长成记

　　"鼠妈妈"怀孕21天，鼠宝宝便来到了这个美妙的世界。刚出生的鼠宝宝体重仅有1.5克左右，皮肤红彤彤的，全身没有毛，双眼紧闭，耳朵和头部的皮肤还粘连在一起。这时鼠宝宝是通过触觉、嗅觉和味觉来感知这个世界的。14天后，鼠宝宝渐渐睁开眼睛，自己采食和饮水。3个星期后鼠宝宝便可离开鼠妈妈独立生活。一般长到18~22克的小鼠就可用于科学研究。

出生7~10天的乳鼠

出生3~5天的乳鼠

1 鼠类家族贡献大

鼠类家族的小弟——小鼠

亲爱的读者，大家还记得《猫和老鼠》中那只机灵可爱的小鼠杰瑞吗？你是否为它的聪明机智而倾倒？千百年来，鼠类总伴随人类的左右，小鼠古灵精怪、玲珑活泼，十分令人喜爱。有的小朋友喜欢把它当作宠物来饲养，然而，它的价值远在宠物之上。实验小鼠在生物医药研究中就发挥着极其重要的作用。它所做的都是大事业，是严肃认真的科学研究，而且往往充当探险队和敢死队的角色。

小鼠在鼠类大家族中可算是闻名遐迩。它们有着尖凸的面颊，长长的触须，半圆形的耳朵加上大大的眼睛，十分可爱。小鼠有一条与身体一样长的尾巴，多种多样的毛色（白色、黑色、褐色、野生色、肉桂色等）使小鼠世界色彩斑斓。实际上应用最多的还是小白鼠。

小鼠喜欢光线暗淡的环境，它们进食、交配、分娩多发生在夜间。小鼠是群居动物，群养的小鼠生长发育比单独饲养的小鼠好。小鼠对外界刺激极为敏感，强光、噪声、不同气味等刺激均可导致小鼠神经紊乱，甚至导致母鼠吃掉刚出生的宝宝。

实验小鼠的祖先是由普通家鼠（小家鼠）演变而来，最早因为小鼠的祖先身材娇小，被达官贵人当作宠物饲养。1664 年，英国科学家罗伯特·虎克首次用小鼠做增加空气压力试验，开创了小鼠用于动物实验的先河。但是直到 20 世纪初小鼠才被广泛应用于遗传学、发育生物学和肿瘤学等学科领域的研究中。

小鼠体型小、生长繁殖快，易于控制和管理操作，所以一直备受人类青睐，被广泛用于生物医学研究领域。据统计，目前小鼠在生物医学研究中已成为使用数量最多的哺乳类实验动物。

小鼠可用于食品、化妆品、药物以及化工产品的安全性实验。药物的筛选实验也多半是从小鼠做起，通过对药物的筛选来发现一些新药。小鼠还可以用于疫苗、血清和抗体等生物制品效果的鉴定、生物效应测试和各种药物效价测定。

小鼠对多种病原体有敏感性，尤其是在病毒学研究中应用更广，目前已经用来研究血吸虫、疟疾、流行性感冒、脑炎、狂犬病等病原体的致病机制。现在人类的平均寿命为 70～80 岁，对人体衰老的研究，须进行长期的观察，而小鼠寿命较短，仅 2～3 年，也就是说，小鼠 2～3 年的生理解剖的变化相当于人 70～80 年的变化，所以对于人类病程较长的疾病，用小鼠来做研究，具有其独特优势。

如果你想走进它们的"领地"，要经过层层"关卡"，沐浴后换上消毒的"太空服"，戴好口罩、帽子、手套，才能进入到这些小家伙的"闺阁"中，它们一般都居住在高分子材料制作的透明盒子里，为了使它们生活得舒适，盒子的底部均匀地铺满消毒的木屑，一个个"小家"整齐地排列在不锈钢架子上。它们居住的环境对噪声、光照、温度、湿度等方面都有严格的控制，进入这里的空气要经过初效、中效和高效3层过滤系统过滤，就连生活的外界环境也要每周进行喷雾消毒，使用的笼具定期清洗、高压灭菌消毒。它们的食物也相当讲究，均为经过消毒的颗粒饲料，质地非常坚硬，便于磨牙啃咬。饮用水经过高压灭菌，装在一个个"奶瓶"样的饮水瓶中，倒置在笼盖上。让小鼠生活在这种环境中，是为了使小鼠有健康的身体。在科学实验中，使用标准化的实验动物进行实验，其结果才准确，也才有意义。

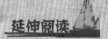

延伸阅读

　　1950年，杰克逊实验室的动物饲养员发现一只体形硕大的小鼠。这只小鼠的食欲亢进，不吃东西时安静不动，其体重为正常小鼠的3倍，并有糖尿病"三多"症状（多饮、多食、多排），于是该小鼠被命名为肥胖小鼠。经遗传学方法测试，这是第一次确认单个基因缺陷可以导致肥胖，按惯例该基因就称为肥胖基因。

小故事

高血压大鼠

　　1962年第一只自发性的高血压大鼠诞生了，这是日本冈本教授的功劳。这种大鼠高血压发病较早，随着疾病的发展，血压可以达到200毫米汞柱（mmHg）以上（大鼠的正常血压在85～115mmHg），还会出现一些高血压的并发症。后来这种大鼠被广泛应用于高血压疾病的发生、发展和药物治疗的研究中。也就是说，它是一个研究人类高血压疾病很好的动物模型。

鼠类家族的大哥——大鼠

大鼠虽然在外貌上与小鼠非常相似，但"块头"要比小鼠大许多。常用的实验小鼠体重为18～22克，而常用大鼠体重为180～220克，是小鼠体重的10倍。实验大鼠是由野生褐家鼠驯化而成。大鼠的汗腺较少，仅分布于爪垫上，它们主要通过尾巴散热。大鼠的尾巴很有特点，当用力提起其尾部时，尾部的皮肤容易脱落。

大鼠与小鼠相同的是"门牙"终身生长，需要经常磨牙，这就是啮齿类动物喜欢啃咬物品的原因。因此，饲养人员通过饲喂坚硬的饲料来帮助实验大鼠和小鼠磨牙。大鼠的"门牙"与人类非常相似，有时也会出现龋齿，龋齿大鼠便成为研究儿童龋齿疾病很好的动物模型，我们可以通过龋齿大鼠模型来观察龋齿是如何形成的，以及评价药物对龋齿的治疗效果。比如说人们可以用市场上出售的甜食来饲喂大鼠，看该食物是否会引起龋齿的发生，如果真的发生了再用不同的治疗方法进行治疗，看哪种效果更好。

大鼠肝脏的再生能力非常强，即使60%～70%的肝脏被切除，仍然可以再生。大鼠没有胆囊，胆汁由胆总管直接流入十二指肠。人类通常一次只排出1个卵子，但是雌性大鼠和雌性小鼠的卵巢一次可以排出多个卵子，与精子结合，从而一窝可以生十来只鼠宝宝，成为"超生"大户，它的这个特点对我们进行生殖生理研究有着特殊的意义。

大鼠和小鼠都是昼伏夜出，在清晨和夜间最为活跃，采食和交配多发生在这段时间内。大鼠对生活环境的要求也非常高，如

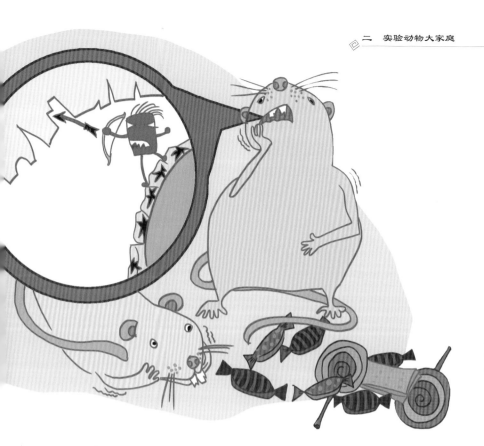

果环境过于干燥（相对湿度低于 30% 时），大鼠的尾巴会发生坏死。它们对噪声也非常敏感，会变得紧张不安，严重时孕鼠也会流产。

　　实验大鼠同样也生活在豪华的"皇宫"中，"娶妻生子"，繁衍后代。应该注意的是，实验时应保持大鼠所处环境与它生长发育的环境一致，这样就减少了环境差异对实验结果的影响。

　　与小鼠相比，大鼠的体型较大，容易饲养，给药比较方便，采样较为容易，行为多样，在生物医药研究中仅次于小鼠。大鼠在药物学研究方面的应用广泛，几乎所有药物的药理学、药效学、药物毒理学的研究都使用大鼠。大鼠还是首先用于营养学研究的实验动物，可用它来研究维生素 A、维生素 B、维生素 C 和蛋白质缺乏等营养代谢过程。

小故事

    1993 年的一天清晨，广州第一军医大学实验动物中心的动物房里，饲养员正在辛勤地工作。当他来到豚鼠饲养室时，发现一只雪白的豚鼠躲在鼠盒的小角落里，正在享受美味的"早餐"。由于这只豚鼠全身雪白，在三色豚鼠的伙伴中特别的显眼，有心的饲养员非常欣喜，将这只雪白的豚鼠挑选了出来。后来的日子里一只、两只、三只，不断有这种白色豚鼠出现，饲养员便让这些"特殊的"小家伙进行"婚配嫁娶"，于是越来越多的白色小豚鼠诞生了。再后来，这队伍越来越庞大，形成了一个品种品系。这种豚鼠全身雪白，眼睛绯红，顾为望教授将其命名为 FMMU 白化豚鼠（FMMU 来自于第一军医大学每个英文单词的首字母）。由于这种豚鼠血管和免疫反应较好，因而经常用于皮肤急、慢性毒性试验和皮肤刺激实验。2005 年"FMMU 白化豚鼠培育及其应用"，获得了"军队科技进步三等奖"。

鼠类家族的另类——豚鼠

"在一个政府秘密计划中，科学家训练了几只豚鼠间谍。这些受到高强化训练并且全身武装了最先进侦察设备的豚鼠们在一个家电制造商的电脑里发现世界的命运掌握在它们的小爪中，于是这群古灵精怪的豚鼠特工队员们展开了一场前所未有的精彩冒险。"这是曾经两度获得奥斯卡大奖的 3D 动画片《豚鼠特工队》中的精彩剧情。可爱的豚鼠不仅在动画片中大显身手，在实验动物行业中也有着"举足轻重"的地位。在你的脑海里是否又出现了那风靡一时的神勇的"豚鼠英雄"形象呢？

豚鼠又名"荷兰猪"、"天竺鼠"，但是这种动物既不是猪，也并非来自荷兰。其祖先来自南美洲的安第斯山脉。豚鼠是鼠类家族的另类，它体型短粗、头大、耳朵和四肢短小。体型与猪相近，头型属鼠类，故称之为豚鼠。其毛茸茸的造型，非常可爱。豚鼠有多种颜色，通常为白色、黑色和棕黄色，三色混杂，但时有双色或单色豚鼠出现。豚鼠为草食性动物，喜欢吃含纤维素多的嫩草或干饲料。

相比小鼠和大鼠，豚鼠的体型较大，但豚鼠天生特别胆小。突然的声响、震动，便会使豚鼠们四散奔逃，甚至导致孕鼠流产。豚鼠喜活动、爱群居，听觉发达，能识别多种不同的声音。

就孕期而言，和大鼠、小鼠（孕期 19～21 天）相比，豚鼠可算是一种"晚成性"动物，豚鼠妈妈怀孕 65～70 天，小豚鼠才能来到这个世界，一般一次产仔 2～3 只。新生出来的豚鼠宝宝体重约 80 克。但令人想不到的是，刚出生的豚鼠就全身有毛，眼睛和双耳张开，能自主活动，几小时后即可自己采食。豚鼠的寿命较

大鼠、小鼠要长很多，一般为 4～5 年，最长可达 8 年。常用的实验豚鼠体重为 300～350 克。

豚鼠对许多致病菌和病毒都十分敏感，尤其对结核杆菌高度敏感，适合制作结核病动物模型。豚鼠对多种抗生素类药物也非常敏感，如对青霉素的敏感性比小鼠高 1 000 倍。因其对抗生素过于敏感，豚鼠的感染性疾病常用磺胺类药物治疗。豚鼠体内缺乏合成维生素 C 的酶，故体内不能合成维生素 C（所需维生素 C 必须来源于饲料或在饮水中添加）。如维生素 C 供应不足，可出现坏血症，因此它是研究实验性坏血病和维生素 C 生理作用的理想模型。

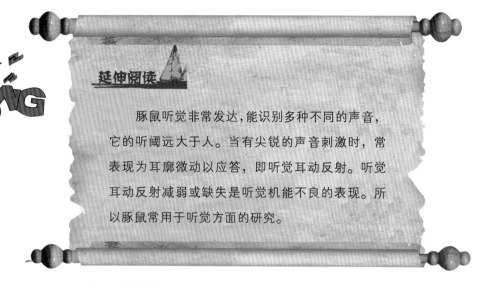

延伸阅读

豚鼠听觉非常发达，能识别多种不同的声音，它的听阈远大于人。当有尖锐的声音刺激时，常表现为耳廓微动以应答，即听觉耳动反射。听觉耳动反射减弱或缺失是听觉机能不良的表现。所以豚鼠常用于听觉方面的研究。

鼠类家族的明星——地鼠

亲爱的读者，你们见过可爱的地鼠吗？地鼠外形憨厚，身材肥胖，在宠物市场常可见到它们，颇受小朋友们喜爱。地鼠也称仓鼠，是一种小型啮齿类动物，野生型广泛分布于欧亚大陆的许多地区，经过驯化后进入实验室。

地鼠同样喜欢夜晚活动，有贪睡的习惯 ，睡着时，不易被惊醒。地鼠还有一个特别之处，当室温低于8℃时它会冬眠。地鼠非常机警，只要熟悉的生活环境发生改变，立即会引起它的警觉，经反复试探后方敢前行。如果受过袭击，它会长时间回避此地。在地鼠的世界里雌鼠比雄鼠强壮、好斗。地鼠妈妈"怀孕生子"只需14～16天，在鼠类家族中怀孕时间最短。地鼠妈妈每年可产7～8胎，每胎产仔7只左右。幼仔出生后生长发育很快。地鼠的牙齿非常坚硬，甚至可以咬断铁丝。

最常用的实验地鼠主要有两种类型：金黄地鼠和中国地鼠。

金黄地鼠被毛较为柔软，背部毛色为金黄色，因而得名，侧面及腹部为白色。眼睛小而亮，耳朵呈圆形，尾巴短粗，有颊囊。一般成年的金黄地鼠体长为16～19厘米，体重为100～120克。

中国地鼠，因其背部从头顶直至尾根部有一条暗色的条纹，所以它也有一个很形象的名字叫做"黑线仓鼠"。它与金黄地鼠不同的是，全身呈灰褐色，体型较小，眼睛黑而大。成年的中国地鼠体长约为 9.5 厘米，体重 40 克。

地鼠在实验动物学界也"远近驰名"，长期采食高脂、高糖饲料，血糖可比其他鼠类高出 2～8 倍，容易培育成糖尿病模型动物。地鼠口腔两侧有颊囊，一直延续到耳后颈部。颊囊可贮藏食物，当其充分扩张时，贮藏能力极大。地鼠通过颊囊将大量的食物搬于巢中，便于冬眠时食用。由于组织细胞和肿瘤细胞在地鼠颊囊内很容易生长，因此地鼠常可用于肿瘤移植研究。

小故事

"玉兔"捣药来

在动物王国中，兔子代表着"温柔、善良、活泼、可爱"。民间相传月亮之中有一只洁白的玉兔，拿着玉杵，跪地捣药，制成蛤蟆丸，服用此药丸，可长生成仙。这说明早在古代，人们已经寄予了兔子"医药使者"的厚望，玉兔捣药的故事也流传至今。我们在月夜中抬起头来，也许能从月亮上找到那只可爱的兔子。在生物医药发展蓬勃的今天，兔子扮演着更重要的角色——实验动物，以身试药，造福人类的健康事业。

2 实验兔用途广

解剖独特，生理出奇

"小小白兔真可爱，两只耳朵竖起来。眼圆腿长跑得快，爱吃萝卜和白菜。"这首童谣很好地概括了兔子的一般特征。兔的品种虽然很多，但常用于实验的主要有新西兰白兔、日本大耳白兔和中国白兔 3 种。

新西兰白兔体格健壮、繁殖力强、生长迅速、性情温和、容易管理、性状稳定，是世界公认的的实验用兔。

日本大耳白兔顾名思义两耳长大，但耳根细、耳端尖。生长发育快，但抗病力较弱。由于它的耳朵较长，皮肤白色，血管清晰，便于取血和注射，也是一种比较常用的实验用兔。

中国白兔是我国培育的一种实验用兔，体型较小，抗病力较强，易于管理。

兔的胸腔由纵膈膜将它分左右两室，互不相通。开胸手术暴露心脏时，心脏位于两个纵膈之间，只要不损伤纵膈膜，可不使用人工呼吸机，这种特殊的身体结构使得兔子在心脏手术过程中不会像人类一样发生气胸，适合复制心血管和肺心病的各种动物模型，如心肌梗死、心率失常等。

兔的体温变化十分灵敏，正常体温 38.0～39.6℃，最易产生发热反应。注射用药品如在生产过程中被微生物污染或带有其代谢产物，注射到兔子体内会引起体温升高，这就叫热原反应阳性，

说明该注射用药质量不合格。

兔子的眼睛为什么是红色的呢？平常我们眼睛的颜色是由一种叫做虹膜内色素细胞决定的，而兔子眼睛的虹膜完全缺乏色素，其颜色是由于眼球内血管的血液折射，所以看起来是红色的。大大的眼球，红红的眼珠使得兔子适于眼科学研究。

兔子与其他哺乳动物不同，发情期不排卵。兔交配后 10~13 小时排卵（为刺激性排卵动物），而精子可在输卵管壶腹部（受精处）存活长达 30 小时。由于这一特点，兔子特别适合做生殖发育研究。另外，家兔的主动脉神经（又称减压神经）在解剖上独成一支，易于分离与观察，可用于血压调节实验。

食粪怪癖

你相信吗？兔子有自食其粪的怪癖（食粪癖）。兔子是一种草食单胃动物，野生状态下主要采食植物的根、茎、叶及种子。有趣的是，兔子喜欢吃自己刚刚排出的粪便，这是因为兔子对饲料里的营养物质吸收常不完全，残留一些在粪便里，兔子自食其粪可从中吸取粗蛋白和 B 族维生素。仔兔也有吃母兔粪便的现象。这是兔子与众不同的生理特点，可能是老天爷赐给它的特殊功能。它们的这种独特之处提醒我们，在做营养实验和药物实验中，分析实验结果时，应充分考虑这一点。

兔子胆小怕惊，嗅觉、听觉、行动非常灵敏，能凭借嗅觉分辩非亲生仔兔，并拒绝哺乳，甚至把它咬死。兔子的爪子十分锐利，捕捉不当常被抓伤。但用手顺毛抚摸背腹部，兔子会很快安静乃至进入"催眠"状态，有利于实验的进行。

检疫犬的超人本领

亲爱的朋友，你见过犬只帮助边检人员把关缉毒、检查违禁行李吗？来到广州白云国际机场，在旅客出入境行李检查时，你可以看到有几只小犬在旅客的行李旁嗅来嗅去，突然放声大叫，原来它发现旅客行李里有违禁品。这就是广州市检验检疫部门专门"安插"在机场检查旅客携带违禁物品出入境的"国门卫士"——检疫犬。

广州率先在国内使用体型乖巧、机警敏捷、温驯可爱的"比格犬"作为检疫犬，驻扎在机场，担负着对违禁品的检验检疫工作。

广州白云国际机场开通至今，4只检疫犬轮流上岗，查获入境旅客携带的违禁物品达1.6吨，为了入境安检做出了贡献。

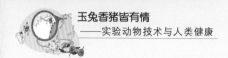

3　实验犬青史留名

生活习性

犬是人类最早驯化的动物之一。犬对主人很忠诚，是"人类最忠实的朋友"。它有很多与众不同的生物学特性，作为实验动物有很大的优势。首先，犬喜欢接近人，易驯养，经短期训练，可服从人的意志和领会人的简单意图，能很好地配合实验。犬的个头比较大，血管比较坚韧，适用于多种动物实验研究。犬的嗅觉特别发达，其嗅觉能力比人强 100 倍。犬的听觉也很灵敏，比人灵敏 16 倍，能听到 5.0～5.5 赫兹的声响。犬的汗腺不发达，常伸出舌头做喘式呼吸帮助散热。犬的归家性强，而且能从很远的地方跑回来，凭的是什么呢？就凭去时所排少许尿液而留下气味作嗅源，其撒尿也是划分领地的行为。

犬，每个人对它都不陌生，但要一一地说出它的品种名称，除了行家外，一般人不容易做到。因为世界上的犬类大约有 300 种，如果要把它们分门别类，按使用目的可分为警犬、军犬、看家犬、牧羊犬、狩猎犬、观赏犬和实验犬等。

成就科学经典

实验犬的种类很多，其中比格犬是最常用的实验用犬。比格犬毛短、体型适中、性情温顺、适应性和抗病力较强、生理生化指标及遗传性状稳定，机警活泼、反应快捷、动作迅速，且又稳重忠诚，对主人极富感情，

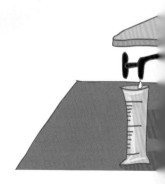

善解人意。科学家常常将犬用于人类的遗传病、老年病、各种肿瘤以及药理学、毒理学研究等。

1904 年，俄国著名生理学家巴甫洛夫因消化生理学研究的巨大贡献获诺贝尔生理或医学奖。巴甫洛夫在研究消化现象时发现，每次给食物时，犬唾液分泌会增加，若给其他刺激如铃声，唾液不会增加。但如果把铃声随同食物反复结合训练以后在只有铃响条件刺激、没有食物的情况下犬也会产生分

泌唾液的反射活动。这种由于条件刺激引起的反射活动称为条件反射。

　　此外，巴甫洛夫还做了一个很著名的"假饲"实验来研究胃液分泌。事先在实验犬身上做 2 个手术。一个是胃瘘管手术，即在犬的腹壁和胃壁上安装一个胃瘘管。通过这个胃瘘管可以把食物直接放到胃里去，同样，胃里的东西也可以通过胃瘘管流出来。另一个是食管截断手术，即把实验犬的食管在颈部切断一半，再把食管的断口缝到皮肤外面。这样，犬吃食时，食物就会从食管的断口掉回到食盘里，盘里的食物永远吃不完，胃也永远是空的，

但犬的胃液却不间断地分泌出来。这说明胃液是受采食饲料的刺激而引起的。如果把支配胃的神经切断，再进行"假饲"实验，就不会再有胃液流出来，这个有趣的实验就是著名的"假饲"实验。可见，采食时胃分泌胃液是通过神经产生的一种反射活动引起的。

1922 年以前，糖尿病被认为是不治之症。晚期病人身体消瘦，经常昏迷，不久便离开人世。科学家冯·梅林和闵可夫斯基研究胰脏在消化过程中的功能时，手术切除了狗的胰腺。切除胰腺狗的尿招来了成群的蚂蚁和苍蝇，他们据此分析发现尿中有糖，并且血糖异常升高，由此推测糖尿病的发生与胰腺中胰岛素的分泌异常有关，后人最终发现了用胰岛素控制糖尿病的方法。

当你走进外科学实验室或医学基本技能教学实验室时，很多时候能看见乖巧的"史努比"安坐着配合各种实验操作。史努比这个卡通明星可谓家喻户晓，伴随许多人度过了纯真快乐的童年，它被誉为世界上最纯真、善良、聪明和善解人意的狗狗。史努比的原型到底是谁呢？其实它们就是比格犬。经过驯化的比格犬性情温和，喜与人亲近，易于驯服和抓捕，打针、输液或喂药都很方便，是进行医学实验的理想动物。

比格犬的由来

　　相传比格犬与英国皇室的渊源颇深，在十六七世纪，英国盛行狩猎风潮，英国皇室养育了许多名犬以配合皇家出游打猎，而短小精悍的比格犬被训练成专门用于狩猎小型猎物，而小型猎物中以兔子最为灵敏与珍贵，因此兔子经常是比格犬猎捕的重要对象。也因比格犬猎捕兔子成果惊人，而被冠名为小猎兔犬。后来狩猎风潮逐渐退去，由于它活泼可爱而开始转型成为家庭宠物犬。比格犬长期与人相处后，性格变得更加温顺，几乎不攻击人，很快被培养成世界公认的标准实验用犬。

4　各路"猪""猴"显神威

"天蓬元帅"谱新篇

　　家猪是由野猪驯化而来的，猪为杂食性动物，吃得多、消化快。性格温顺，易于调教。由于猪的品种不同，个体大小和生长速度差异很大。

实验用猪主要选择小型猪。目前，我国小型猪主要有西藏小型猪、广西巴马小型猪、版纳微型猪、贵州小香猪和五指山小型猪。各种小型猪又因品种或品系的不同、繁育条件差异等生理学指标不同，而有较大的差异。但其生殖生理是一样的，母猪怀孕期为114天，为便于记忆，将其怀孕期通俗记为"三三三制"，即三个月，三个星期加三天。猪是嗜睡少动的动物，喜欢在清洁干燥的地方生活和卧睡。若体内缺少微量元素时，喜拱地、啃墙。

现代科学证明小型猪和人的各器官系统不仅在形态上相似，且生理学功能也基本相同，特别是皮肤、泌尿、消化和心血管系统，因此小型猪是生物医学研究中应用广泛的非啮齿类大型实验动物之一，具有其他实验动物不可替代的优越性，成为实验动物的新秀。

猪是公认的人类异种移植的最佳供体。目前各种猪源性生物制品已陆续投入临床应用。临床上，已成功将转基因猪皮肤用作创伤敷料、猪血制备纤维蛋白止血封闭剂、猪心脏瓣膜治疗人的心脏瓣膜缺损。处于前期临床研究的有：猪胰岛细胞移植治疗胰岛素依赖性糖尿病、猪多巴胺神经元治疗帕金森氏病以及用猪角膜修补治疗角膜损伤。此外，猪作为异种肾、肝、心、肺移植供体的动物实验研究也迅速发展。

全世界器官衰竭患者已达数百万人，器官移植已成为拯救器官衰竭患者生命的主要措施。但是，人供体器官严重短缺，很多患者在没有等到合适的器官前就死亡。异种器官移植为最终解决供体器官严重短缺问题带来希望。于是，如何从动物身上寻求病人需要的器官，实现异种器官移植，成为当今生物医学领域的国

心脏　　　　　　　肺　　　　　　　肝脏

人脏器

西藏小型猪脏器

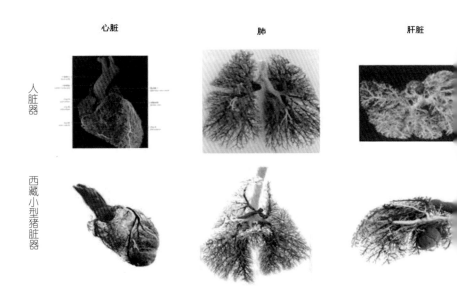

际性难题和研究热点。异种器官移植的主要障碍是人体对植入外源器官的免疫反应，最初的和主要的反应是超急性排斥反应，发生于移植手术完成后的数分钟之内，超急性排斥反应可破坏移植器官。去除由 α -1，3 半乳糖转移酶引起的超急性免疫排斥反应是猪源器官移植的技术关键之一。2002 年赖良学等利用体细胞基因打靶技术与体细胞克隆技术，获得了世界上第一头基因敲除 α -1，3 半乳糖转移酶克隆猪，使异种器官移植成为可能。

　　2011 年 7 月 19 日，《走近科学》以"四色荧光猪"为题，报道了中国科学院广州生物医药与健康研究院赖良学博士及其研究团队与南方医科大学顾为望教授以及华南农业大学吴珍芳教授合作共同完成的在转基因克隆猪方面的研究成果。这种克隆猪在特定波长的激发光照射下可分别出现红、黄、绿、青 4 种荧光 (如下图)，

肾

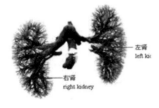

这是国际上首次获得能够同时表达 4 种荧光蛋白的转基因克隆猪。目前，8 头转基因克隆猪已健康成长一年多，并开始繁殖下一代。

该项研究成果的取得，实现了一次克隆转入多个基因的技术突破，从而使转基因克隆猪在疾病模型、器官移植、生物反应器等领域的应用前景更为广阔，如果能把猪身上的抗原基因去掉，那么猪的心脏、肾脏、肝脏等都可以移植到人体，给病人带来福音。

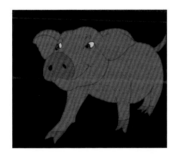

延伸阅读

西藏小型猪的由来

在南方医科大学实验动物中心有一批特殊的"移民"后代，它们来自青藏高原，学名藏猪，俗称藏雪豚。藏猪全身黑色，长期生活于高寒山区，具有适应高海拔恶劣气候环境、抗病力强、耐粗饲等特点。藏猪是世界上少有的高原型猪种，也是我国国家级重点保护畜禽品种中唯一的高原性猪种。2004年，南方医科大学顾为望教授等人从西藏林芝地区把藏猪引种到亚热带地区——广州，率先进行风土驯化和实验动物化研究，并正式将其命名为西藏小型猪。

9年来，南方医科大学实验动物中心对西藏小型猪生理生化指标、生产繁殖性能、基因遗传多态性等生物学特性进行了较为系统的研究，并获得了广东省第一个实验用小型猪质量监测合格证。如今，西藏小型猪以其体型较小、耐粗饲、抗应激能力强，以及与人类极其相似的独特生物学特性应用于生物医药各个领域。

金丝猴也会牙痛

人们常常会说："牙疼不是病，疼起来真要命"，牙科医生在面对牙痛病人时，往往是除了给镇痛药外，别无良策。美国德克萨斯牙科大学的专家们为了解除龋齿病人的痛苦，曾应用了多种治疗方案和药物，却苦于找不到合适的动物模型做测试，因为这种动物模型必须具备与人牙痛相似的病理生理特点。有位牙科专家偶然看到一份野外动物考察报告，南美洲有一种金丝猴牙齿数目及排列与人类完全一样，无缘无故地在树上吱吱叫着到处乱窜乱跳，而别的金丝猴对它却是冷眼相看，后来那金丝猴乱窜累了才被考察队捉住，发现它的腮部肿了起来，口腔里有龋齿。牙科专家认为那金丝猴分明是得了牙周炎，才疼得乱跳！牙科专家把这篇资料给德克萨斯牙科大学的专家组负责人列宾博士看了，列宾博士看了材料禁不住大喜过望——梦里寻他千百度，合适的动物模型竟然是在南美洲的金丝猴！于是列宾博士立即拍板，从南美洲进口了一大批金丝猴，用它们进行牙周炎、口腔癌、龋齿的治疗和预防研究。

列宾等人从一些患牙病、口腔病的金丝猴口腔里取出牙垢和患病组织，经过灭活等一系列处理以后，注入健康金丝猴体内，使之产生免疫反应，再将这些金丝猴的血抽出来，制成带有抗体的血清，用于预防金丝猴相关牙病和口腔疾病等，取得了一定的成效。他们希望，今后能像用牛痘预防天花那样制造出预防牙病、口腔病的疫苗，造福于人类，使人们不再受牙痛之苦。如此这般，猴子作为实验动物为人类再立新功。

"齐天大圣"建奇功

有个"小谜语"猜一部古典小说，谜面是："2个和尚和3个动物追太阳"，很多人一下子就能猜到那部小说是《西游记》。确实，这部古代神话小说中讲的就是2个人和3个动物，其中尤以猴子最厉害，他曾在下界造反，被捉后又被太上老君关进八卦炉中用三味真火炼了七七四十九天，开炉时，那猴子竟跳了出来，打上凌霄殿，大闹天宫……有人开玩笑说，那孙猴子可真算得上是最坚强的"实验动物"了，炼了四十九天没有被化成灰烬，竟炼出了铜皮铁骨、火眼金睛！在实验动物王国里，猴子和人类同属灵长类，亲缘关系较近，被鲁迅先生誉为"表兄弟"。由于其形态、生理生化和代谢特征等方面非常接近人类, 因此, 实验猴成为医学实验研究中的重要实验动物, 在人类医学发展中做出了巨大的贡献。

猴为杂食性动物, 以植物果、嫩叶、根茎为主要食物。因为它们体内缺乏合成维生素 C 的酶, 需从食物中摄取, 所以猴子必须经常吃水果。猴喜群居, 每群猴子有一个猴王和多个"王妃", 具有和人相似的社会性。白昼活动, 善于攀援、跳跃和游泳, 喜欢打闹, 动作敏捷, 聪明伶俐, 好奇心与模仿力很强。捕捉猴子时必须小心谨慎, 防止被它抓伤、咬伤。雌性猴子生殖系统特征与人类相似, 周期性地出现月经, 单侧排卵。

猴子是动物世界中的智者, 它们大脑发达, 和人相似, 是与人亲缘关系最近的一类动物, 与人类的遗传物质有 75%～98.5% 的同源性。母猴抱着小猴, 互相搔痒, 总是让人不自觉地联想到"温馨"等用以形容人类情感的词语。猴的主要品种有猕猴、狨猴、食蟹猴等。猴是生物医学研究中最常用的非人灵长类实验动物, 是研究人类神经疾病和妇科疾病的理想动物模型。

相信大家都熟知"预防小儿麻痹症糖丸", 它在预防小儿麻痹症方面, 功不可没。但有谁知道研制这"糖丸"疫苗的背后, 猴子做出多大的牺牲!恒河猴是制造和检定预防小儿麻痹症疫苗的唯一实验动物。我国从 1964 年开始使用自行生产的口服小儿麻痹症疫苗, 是用人工饲养的猴肾细胞生产出来的。自 1995 年以来,

中国已经没有再发现由野病毒株引起的小儿麻痹症病例。虽然常有不忍之心，但猴用于实验，其价值远远超出它本身的生命价值，且在实验的过程中，实验员会将动物的惊恐和疼痛减至最低程度。

艾滋病被称为超级瘟疫，人们谈"艾"色变，它的存在即意味着患者的死亡。世界上目前还没有能完全治愈艾滋病的药物，只能靠激发病人自身抵抗力和提高免疫力的药物进行辅助治疗。猴子是艾滋病毒的易感动物，是制作艾滋病模型的最佳动物，这为治疗和预防艾滋病及药物的研发和筛选提供了基础。

延伸阅读

美猴王的太空之旅

1959 年 5 月 28 日，美国国家航天航空局发射的"木星 AM-18"号火箭太空舱中有 2 位特殊的乘客，它们是松鼠猴"贝克"和猕猴"阿伯尔"。经过为期 15 天的太空飞行，这 2 只猴子返回地球。它们成为第一批在太空旅行中幸存的非人灵长类动物。雌猴贝克随后成为人们所熟知的"太空明星"。

三　实验动物与生命科学

1 免疫缺陷动物与肿瘤研究

没有硝烟的"战争"——抗原抗体反应

感冒对大家来说是一个再熟悉不过的常见病，感冒患者常常

会咳嗽、发烧、流鼻涕，一般一周左右的时间患者便会痊愈，而在这短短的7天里，机体内战争不断，免疫系统发挥了重要的作用。抗体在战场上努力地寻找入侵者——感冒病毒，并将其消灭，从而使机体恢复健康，并将这次战役的罪魁祸首记录在案，以保证下次敌人再敢来犯时能够第一时间将其消灭。

我们知道，在我们的周围环境中，生活着一个种类繁多、个体微小，但与人类生活有着密切关系的生物群体。因为其体型微小，小到只有用光学显微镜和电子显微镜才能看清楚，科学家们形象地将其称为微生物，像我们经常听到的细菌、病毒都是这个大家族的成员。

当身体强壮的时候，即使周围存在细菌、病毒，身体都不会出问题，可当身体虚弱的时候，细菌、病毒等就会进入人体内，乘机作乱，且有可能造成宿主感染疾病，一场没有硝烟的战争就此拉开了帷幕。来自外界的病原微生物是入侵者，机体的免疫系统则充当机体健康的守卫者。机体内的免疫系统就和我们电脑所安装的防火墙一样，是抵御病原微生物侵袭最重要的保卫系统。免疫系统主要包括免疫器官（脾脏、淋巴结、胸腺等）、免疫分子（补体、免疫球蛋白、干扰素等）和免疫细胞（淋巴细胞、吞噬细胞和中性粒细胞等）。

在医学上我们常常把侵入机体的外来微生物，如病毒、细菌等称为抗原，而将机体免疫系统在抗原刺激下通过免疫细胞产生的、含有蛋白质的物质称为抗体。抗体可以和抗原结合，使抗原活性降低直至彻底失活，机体即可恢复健康。抗原与抗体是一对喜欢对抗的冤家，它们决定了这场战争的走向。在生物医学的长河中，

有许多战役的胜败，取决于抗原抗体的状态。

什么是免疫缺陷动物

亲爱的读者，你知道什么叫免疫缺陷动物吗？免疫缺陷动物就是它自身免疫系统不完善、有缺陷的动物。

说到缺陷，人们往往觉得不是什么好事，生活中缺了什么都可能会带来无尽的烦恼。人体缺了某种器官或缺了某种生理功能，就无法正常生活，"缺心眼"的人在社会中也会遇到各种各样的麻烦。然而免疫缺陷动物却是科学研究中的明星动物。顾名思义，免疫缺陷动物是免疫系统或免疫功能缺失的动物，免疫功能丧失对动物本身是实没有什么益处，但是对科学研究，却有着不可替代的作用。免疫系统在机体内发挥着"清除异己"的重要功能，那些可以要了人命的微生物，包括细菌和病毒，一旦遇到机体免疫系统这道防线，就会被清除掉，而我们生活的这个环境，是每时每刻每个角落都有微生物存在的，机体也在每时每刻清理着入侵的微生物，从而保证机体不被微生物伤害。此外，机体内有些细胞由于外界因素（比如有害的化学试剂和射线）而变得非正常地快速生长，这就成了人们经常说到的肿瘤细胞，或者叫癌细胞。这类细胞一旦在机体产生，就属于有害的非正常细胞，此时此刻的免疫系统就会变得"六亲不认"，愤然而灭之，以保证机体的正常状态。可见，免疫系统对机体是多么的重要！然而，科学家们要研究微生物和癌细胞在机体中的生长、繁殖以及生物学特性，就必须突破免疫系统这道防线，因为只有机体失去了免疫功能，才能接纳微生物和癌细胞的生长，这就要求某些实验动物不具备免疫功能，而免疫缺陷动物正好满足了此项需求。

小故事

你见过吗？老鼠背上长出人的耳朵

小时候我们听过皇帝长了兔耳朵的故事。童话故事大概是说国王因为长了兔耳朵所以每天都不得不带上帽子，头发长了，就找理发师进宫剪头发。每次剪完头发后国王就会问理发师"你看到了什么？"如果理发师说，国王长了兔耳朵，那么这个理发师就会被处死。如果理发师说"什么都没看到"，那么就算逃过一劫。很多理发师都因此丢掉了性命。

国王不希望别人知道他长了兔耳朵，然而在医学界长了人耳的老鼠却成为媒体竞相报道的明星。那么"人耳鼠"是如何诞生的呢？裸鼠可谓功不可没。人耳鼠是科学家关于组织工程学的最新研究结果。通过把可降解的材料压铸成人耳的模型，制成耳廓的支架材料，然后将软骨细胞接种在支架上，细胞慢慢长满，支架逐渐降解。经过1~2周的体外培养，再将该"人耳"移植到裸鼠身上。随着时间的推移，人耳的支架完全降解，裸鼠没有免疫能力，不会排斥外来的东西，人耳朵就这样在裸鼠背上"安家落户"了。裸鼠背上人耳朵的培植成功，为我们展示了美好的前景。相信过不了多久，科学家可以让失去耳朵的人重新"长出"耳朵。

裸鼠——肿瘤研究的明星

目前应用最为广泛的免疫缺陷动物就是裸鼠，我们说的裸鼠一般指裸小鼠，这种动物的免疫系统中缺乏 T 细胞（一种重要的免疫细胞），有的天生就缺陷，有的是经过人工改造的。由于有这种缺陷，这些动物就容易得多种疾病，例如易患病毒性肝炎和肺炎，也容易长肿瘤。用医学的语言来说，可成为多种疾病的易感动物。这本来是它的弱点，但恰恰是它们作为实验动物的优势。研究裸鼠患病时各种病理变化，寻找治疗措施，一旦在裸鼠身上成功，那么在人身上也可能会成功。所以，裸鼠便成为科学家研究人类重大疾病的重要模型，如肿瘤等。

让我们一起来了解一下裸鼠的真面目。1962 年英国格拉斯医院在实验小鼠中偶然发现有个别全身无毛的小鼠，这种小鼠随着鼠龄增加皮肤变薄、头颈部皮肤产生皱褶，这就使得刚出生的小鼠看上去像 80 岁的老人。这种小鼠全身无毛并且没有胸腺（一种免疫器官），发育比较迟缓，科学家们根据其形态特征形象地将其称为裸小鼠。由于其在生物医学研究中的重大应用，1980 年和1982 年中国药品生物制品检定所分别从瑞士和日本引进了裸小鼠。

一般情况下，动物的身体会抵抗外来细胞，也就是会产生免疫排斥反应，因此，移植给动物的细胞就不会存活。那么，如何才能突破这道封锁线呢？裸鼠的出现很好地解决了这些难题，为研究肿瘤等疾病提供了新的思路。因为它所缺少的是机体的免疫器官——胸腺，胸腺就像电脑的防火墙，负责识别"自己"和"非己"的成分，破坏和排斥进入体内的外来"侵略者"。所以科学家把肿瘤细胞移植到裸鼠身上后，裸鼠不能识别这些细胞，也不

能对这些肿瘤细胞进行攻击，这样肿瘤在裸鼠体内就能快速生长，而研究人员也就可以看到肿瘤的生长发育过程，最终找到消灭它的办法。

　　随着科学技术的进步，目前人类和动物的部分肿瘤细胞都能够移植给裸鼠，并能很好地存活。我们可以通过把肿瘤细胞移植给裸鼠，建立裸鼠移植肿瘤模型。通过这个模型观察肿瘤在裸鼠体内的发展，从而指导临床肿瘤的治疗。

　　目前全球各国已批准上市的抗癌药物有 130～150 种，用这些药物配制成的各种抗癌药物制剂有 1 300～1 500 种。这些抗癌新药将是人类未来 20～50 年内与癌症抗争的有力武器，而这些药物进入临床前，都要经过动物实验对其进行安全性评价，裸鼠又在肿瘤药物的临床前毒理药理学实验中常常被作为首选动物。

在医学研究领域还存在着许许多多的免疫缺陷动物，它们和裸小鼠一样把自己的生命奉献给我们人类的健康事业，裸大鼠就是其中之一，裸大鼠由英国人在 1953 年发现。裸大鼠的一般特征和裸小鼠比较相似，但躯干部仍有稀少的被毛并非像裸小鼠那样完全无毛。裸大鼠的发现及人癌异种移植成功，给肿瘤免疫研究增添了一个新的手段。裸大鼠和裸小鼠相比，具有移植肿瘤大、取血量多及便于操作等优点。

其他免疫缺陷动物

刚才我们提到的裸小鼠和裸大鼠都存在免疫系统中的 T 细胞缺失，科学家们还发现了一种 B 细胞缺失的小鼠，这种小鼠代号为 CBA/N 小鼠。B 细胞和 T 细胞是免疫系统中两类重要的免疫细胞，所以 B 细胞功能缺陷的小鼠在某些研究领域是裸鼠不能替代的。

免疫系统中除了 T 细胞和 B 细胞之外，还有其他类型的细胞吗？答案是肯定的，人体和动物的免疫系统中还有一种 NK 细胞，具有与 T 细胞和 B 细胞不同的功能，科学家们也发现有 NK 细胞活性缺陷的小鼠，这种小鼠被毛完整，但毛色较浅，出生时眼睛颜色也很浅。

1983 年美国科学家发现一种 T 细胞和 B 细胞活性均有缺陷的小鼠，但是这种小鼠外表与正常小鼠无异，被称为严重联合免疫缺陷小鼠（SCID 小鼠），它们更容易被病菌感染，在医药研究中应用也十分广泛，严重联合免疫缺陷小鼠是继裸鼠出现之后，人类发现的又一种十分有价值的免疫缺陷动物。

　　有时候，科学家们也可以通过人工诱导的方法制备出免疫缺陷动物，比如让动物感染艾滋病毒。大家知道，艾滋病毒主要破坏机体的免疫系统，当动物感染艾滋病毒之后，免疫系统就会遭到破坏，其免疫细胞活性就随之产生缺陷。

　　在国际上免疫缺陷动物品系的培育已从裸鼠扩展到猪等大型哺乳类动物；2012年6月日本一个研究小组培育出了免疫缺陷的猪，这种猪对侵入体内的异物不能产生免疫反应，可用于"生产"医学研究用的人源化内脏器官。由于免疫缺陷，这种猪不会发生排异反应，将来有望向它们体内移植人类干细胞，培育医学研究用的人源化组织或器官。

　　经过多年的研究，几乎所有类型的人类肿瘤都可以在免疫缺陷动物体内建立移植模型。该领域的研究也从单纯观察肿瘤可移植性、形态和组织学特征，转而对致癌机制、转移机制以及移植瘤的细胞遗传学和分子遗传学等方面开展了更为深入的研究，取得了可喜进展。

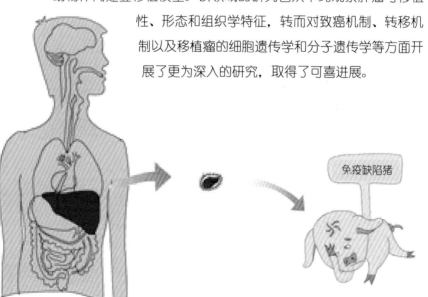

免疫缺陷猪

2 动物也可以"复制"
——克隆动物

科学界的喜羊羊——多利羊的诞生

什么是克隆？克隆源于英文 clone 或 cloning 的音译，是代表复制的意思，即从一个动物个体复制出一个完全相同的个体。通常情况下，动物由雄性和雌性交配产生后代，后代各自从 2 个亲本获得一半的遗传物质，表现出 2 个亲本的性状。而克隆，则不需要雌雄动物交配，不需要精子和卵子结合，只需从动物身上提取 1 个单细胞，取其细胞核移入另一个去核卵细胞里，再用人工方法将其培育成胚胎，然后移到母体的子宫里着床、生长、发育，这样就能产生 1 个小生命，多利羊就是这样产生的。

克隆动物的后代的遗传物质与亲本完全一致，表现的性状也与其完全一致，这种繁殖方式又叫无性繁殖。在低等动物中，水螅的出芽生殖就属于这种方式。而在植物世界里，无性繁殖也很普遍，"无心插柳柳成荫"说的就是植物的无性生殖，夏天河边随风飘曳的柳树，就是由一根根柳树枝扦插后长成的。而对于如哺乳类等高等动物而言，自然界中却罕见无性繁殖。在近一个世纪以来，科学家对动物的克隆技术进行了不懈的研究。至今已经实现鱼类、

双尾金鱼

鲫鱼

禽类乃至于多种哺乳动物的克隆。

　　我国科学家童第周在 20 世纪 30 年代就开始了青蛙和鱼类胚胎发育的研究工作，直至 20 世纪 70 年代，他将从鲫鱼的成熟卵细胞质中提取的核糖核酸注射到金鱼的受精卵中。结果，就生出了一种既具有金鱼的特征，又具有鲫鱼的特征的后代。发育成熟的幼鱼中，33% 由双尾变成单尾，表现出鲫鱼的尾鳍性状。这种单尾的金鱼就是诗人赵朴初所称誉的"童鱼"。过去人们普遍认为遗传物质只存在于细胞核中，而该实验成功证明了细胞质也可以影响后代性状。

　　接着他们又将从鲤鱼的成熟卵细胞中取出的细胞核，注入金鱼的去核受精卵中。结果，所生的后代中也有部分金鱼由双尾变成单尾，出现了鲤鱼的性状。这是自 1952 年 Briggs 和 King 在两

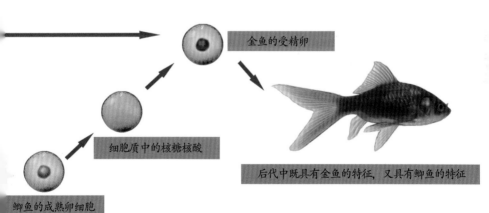

金鱼的受精卵

细胞质中的核糖核酸

鲫鱼的成熟卵细胞

后代中既具有金鱼的特征，又具有鲫鱼的特征

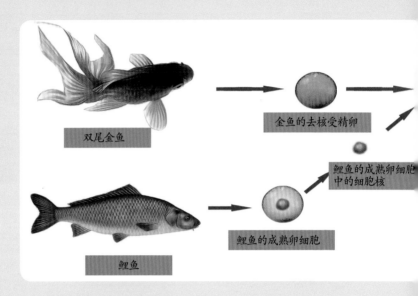

双尾金鱼

金鱼的去核受精卵

鲤鱼

鲤鱼的成熟卵细胞

鲤鱼的成熟卵细胞中的细胞核

栖类胚胎上进行细胞核移植以后，在国际上首次实现鱼类的异种克隆。

随着生物技术的发展，童第周建立的鱼卵核移植研究和显微注射技术有了新的发展和应用，他将培养30多天的成熟银鲫的肾

鲫鱼

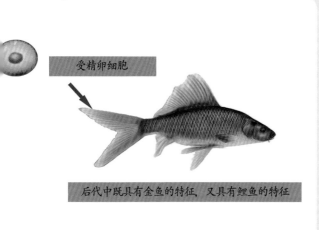

受精卵细胞

后代中既具有金鱼的特征，又具有鲤鱼的特征

细胞核移植到卵细胞里，获得 1 尾性成熟的成鱼。这是第一例成功的脊椎动物的体细胞克隆。

　　"童鱼"克隆技术诞生 20 多年后，克隆技术在哺乳动物上取得了突破性的进展，多利羊诞生了。1997 年 2 月 27 日出版的《自

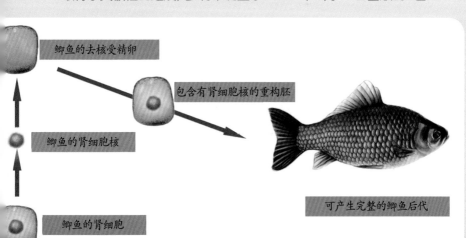

鲫鱼的去核受精卵

包含有肾细胞核的重构胚

鲫鱼的肾细胞核

鲫鱼的肾细胞

可产生完整的鲫鱼后代

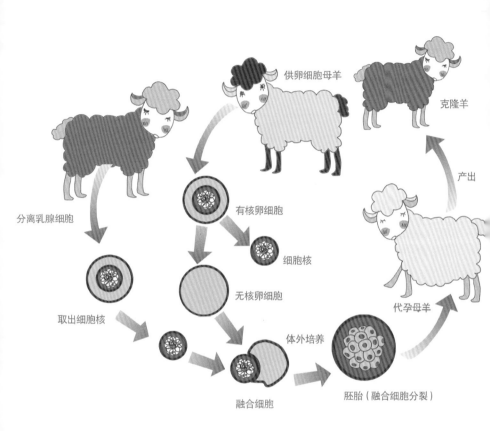

分离乳腺细胞

供卵细胞母羊

有核卵细胞

细胞核

克隆羊

产出

无核卵细胞

取出细胞核

代孕母羊

体外培养

融合细胞

胚胎（融合细胞分裂）

然》周刊中，发表了英国爱丁堡罗斯林研究所威尔穆特等人将一头6岁白色母绵羊乳腺细胞的细胞核移入一头苏格兰黑脸母绵羊的去核卵细胞内，再将该细胞移植到另一头母羊的子宫中，经过148天后，母羊产出一头重6千克的母羊羔多利。这头小绵羊全身雪白，外形和分子遗传学的检测结果证明多利与提供细胞核的6岁母绵羊完全一样，也就是说多利羊只有母亲没有父亲。多利羊最吸引眼球之处就在于它是世界上第一例经体细胞核移植产生的哺乳动物，这是克隆技术领域研究的巨大突破。

罗斯林研究所的研究与童第周的研究相比，有了哪些突破呢？首先，1963年童第周的克隆针对的是较低等的鱼类，罗斯林研究所针对的是哺乳动物的克隆。其次，罗斯林研究所所利用的供体细胞核来源于6岁母绵羊乳腺，是成熟的已经分化的体细胞。而20世纪60～70年代的克隆最初采用的供体细胞核来源于卵细胞，随后用鲫鱼肾细胞核克隆出鱼。这证明了体细胞和卵细胞一样具有发育为成体动物的潜能，首次在脊椎动物身上证明了：体细胞也是有全能性的。

延伸阅读

手工克隆技术

手工克隆是指除常规设备外，其操作均为手工。与传统克隆相比较，手工克隆不依赖昂贵仪器和尖端技术人员，成本低、效率高，其核心技术只需1个小小的刀片就可以完成。世界上首例采用"手工克隆"技术获得的转基因克隆绵羊于2012年3月26日在新疆诞生。这是由深圳华大基因研究院、深圳华大方舟生物技术有限公司与中国科学院遗传与发育生物学研究所、石河子大学生命科学学院联合开展的"农业部绵羊转基因新品种培育重大专项"所取得的成果。

利用手工克隆，我们就能以更低的成本和更高的效率促成克隆动物的快速、批量生产。在这项新技术中，科学家们先用了一种特殊的酶溶掉了包裹在卵细胞外的保护层，卵细胞在显微镜下被1个薄薄的刀片切为两半。一分为二的两部分细胞迅速各自封闭。研究人员用一种染料来识别含有细胞核的一半，然后将其丢掉，而只保留另一半没有细胞核的空胞质。要产生1个克隆胚胎，只需将1个取自供体动物的细胞与这种空胞质融合，这就相当于向卵细胞中导入了供体动物细胞的细胞核。

手工克隆的优势非常明显。与传统克隆相比，其在囊胚率、怀孕率上都显示出了较高的效率，而且所需的仪器设备费用低廉、技术易于掌握，甚至不需要高级科研人才，因此，易于推广。目前，手工克隆已经在克隆猪和克隆羊上取得了成功，克隆牛平台也即将搭建完成，手工克隆牛指日可待。

克隆动物面面观——可以克隆人吗

"童鱼"的诞生，有力地证明了生物遗传性状是细胞核和细胞质相互作用的结果，开创了人类按照需要而进行人工培养新物种的先例。而多利羊的诞生则为哺乳动物的克隆开辟了一个新的时代。

马和驴交配，繁殖出骡子，骡子是古代很重要的畜力，但是骡子几乎不能产生后代，这种现象就是生殖隔离。这制约了不同的物种交配产生新物种的可能。但是，用异种动物细胞核移植和异种动物胚胎嵌合的方法可以获得具有新性状的克隆动物，这样就能克服种间生殖隔离，创造出新物种，获得用传统雌雄交配方法无法得到的新性状。

据报道，全世界每过 18 分钟就会增加 1 个等待器官移植的新病人，虽然现代医学几乎能对所有人类器官和组织实施移植术，但排斥反应和供体缺乏仍是难题。排斥反应的原因是组织相容性抗原的多态性导致组织相容性差，而动物克隆技术与基因工程技术相结合，可以通过改变动物器官组织相容性基因属性，来降低由动物提供的供体器官引起的人类免疫系统的排斥反应。

通过转基因技术和动物克隆技术相结合，可以获得表达任何特异性基因的细胞类型，生产预期的药物蛋白。英国的科学家们用体细胞基因转移克隆技术，获得转人凝血因子 IX 基因克隆羊，这种羊细胞内带有外源的目的基因，科学家们从其乳汁中获取了重组药用蛋白。

虽然克隆动物技术有诸多裨益，但自从克隆动物诞生以来，就充满了争议。克隆动物会带来所谓的"人工生命"。如果未来有一天，我们吃着克隆猪的肉，喝着克隆牛的奶，你会不会觉得有一丝隐忧？这些"人工生命"的制品会不会对人类健康有危害？"人工生命"相对于"娘生爹养"的动物会不会有某些缺陷？

现在克隆技术已经日臻完善。从技术角度来说，克隆人已经不是一个难题，但绝大多数国家禁止克隆人。那我们究竟可不可以克隆人呢？

人们不能接受克隆人实验的最主要原因，在于传统伦理道德观念的阻碍。千百年来，人类一直遵循着有性繁殖方式，而克隆人却是实验室里的产物，是在人为操纵下制造出来的生命。尤其在西方，"抛弃了上帝，拆离了亚当与夏娃"的克隆，更是遭到了许多宗教组织的反对。但是，正如中国科学院院士何祚庥所言："克隆人出现的伦理问题应该正视，但没有理由因此而反对科技的进步"。人类社会自身的发展告诉我们，科技带动人们的观念更新是历史的进步，而以陈旧的观念来束缚科技发展，则是僵化。历史上输血技术、器官移植等，都曾经带来极大的伦理争论，而当首位试管婴儿于 1978 年出生时，更是掀起了轩然大波，但现在，人们已经能够正确地对待这一切了。这表明，在科技发展面前不断更新的思想观念并没有给人类带来灾难，相反地，它造福了人类。就克隆技术而言，"治疗性克隆"将会在生产移植器官和攻克疾病等方面获得突破，给生物技术和医学技术带来革命性的变化。治疗性克隆的研究和完整克隆人的实验之间是相辅相成、互为促进的，治疗性克隆所指向的终点就是完整克隆人的出现，如果加以正确的利用，它们都可以而且应该为人类社会带来福音。可见，克隆人从技术方面来说是不难的，但从伦理道德方面考虑，则应该慎重的观点也是对的。

3　脱胎换骨
——转基因动物

在这里，我们首先要明白，什么叫转基因？简单地说，打破物种界限的基因杂交叫转基因。这样说，可能非专业人员还是不懂。举些例子吧，研究人员为了使容易受冻而减产的番茄更加抗寒，将鱼体内某个产生抗寒作用的基因植入番茄基因链中，创造出耐寒番茄。水母在漆黑的大海中，依然能闪闪发光，聪明的科学家将水母的基因转入花卉或老鼠体内，于是有了在黑暗中会发光的花卉和老鼠。这就是转基因的成果。

从 20 世纪 50 年代开始，克隆技术日臻成熟，人类相继克隆出了猪、猴等动物。如果我们在克隆动物的过程中，对供体细胞核做一些"改造"，植入外源基因，最终我们就能得到转基因的克隆动物。1982 年，理查德•帕尔米特和拉尔夫•布林斯特领导的实验小组共同研制出转基因超级鼠。他们利用显微注射技术，成功地将大鼠生长激素重组基因（外源基因）导入 1 个小鼠的受精卵里面去，结果使出生的小鼠变成了巨鼠。这是因为小鼠获得了大鼠的重组生长激素基因，它与其同胞兄妹完全不一样，体积大了一倍。这项研究获得了人类历史上第一个转基因动物，被誉为分子生物学发展的里程碑。

转基因动物纷至沓来，大规模改造动物基因的时代开启了。将外源基因导入家畜，能使家畜朝人类希望的目标靠拢，如肉质

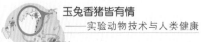

改善、饲料增效、个体增大、体重增加、奶量提高、脂肪减少等。用基因转移技术，增强动物抗病力的研究，也很鼓舞人心。导入抗病或抗寄生虫的外源基因，牛便不怕"疯牛病"，猪便不怕"猪瘟"，从而使畜牧业旱涝保收，成为"黄金"产业。

利用转基因动物生产蛋白质、造药，是全新的生产模式。与细菌、细胞等生物工程制药相比，它有明显优势：转基因动物的乳汁，方便收集，且不损伤动物；目的蛋白质，已经过动物体内加工和修饰，不必再进行后加工。有了能任意植入外源基因的转基因动物，对少有良药的遗传病人、癌症病人，是莫大的福音。

在转基因动物方面，我国也取得了许多可喜的成果。广州解放军 458 医院刘光泽等人制备了高表达乙型肝炎病毒（HBV）转基因小鼠，为乙型肝炎研究提供了较理想动物模型。该转基因模型首先是构建、筛选高表达 HBV 质粒载体，在体外将质粒载体用显微注射法导入昆明小鼠受精卵雄性原核，然后将受精卵植入代孕母鼠体内可以产出乙型肝炎病毒阳性转基因鼠。

延伸阅读

神奇的绿色荧光蛋白（GFP）

　　荧光鼠曾在广州动物园展出，引起了很大的轰动。在特制的荧光体视显微镜下，我们能看到荧光鼠的皮肤、脑部、肺部发出绿色荧光。科研人员先是取小鼠 3.5 天胎龄的胚胎，在体外注射转染了绿色荧光蛋白基因的小鼠胚胎干细胞，获得了嵌合两种小鼠细胞的胚胎，绿色荧光蛋白基因就被整合到了嵌合体内。将嵌合体移植到母鼠子宫内，怀胎 3 周，就能产下能发绿色荧光的小鼠。

目前，科学家已经通过转基因克隆的方式制作了多种带有荧光的动物，包括荧光鱼、荧光兔、荧光猪、荧光猴等。这些动物是通过在动物体内导入了一种来自水母的绿色荧光蛋白基因而产生的。

绿色荧光蛋白最早是由下村修等人于 1962 年在 1 种水母中发现的。科学家首先从水母中提取编码这种蛋白的 1 段 DNA 片段，然后将这段 DNA 通过分子生物学和细胞生物学手段整合到小鼠、猪或猴子的受精卵中，新出生的动物就会表达这种水母绿色荧光蛋白，这样就获得了带有荧光的动物。

在转基因动物的研究中，绿色荧光蛋白常常作为转基因的标记，与其他带有某种功能的基因同时转入动物体，通过直观的荧光观察来判断功能基因是否已经转入动物体。

会发光的猴子

1990 年世界第一只转基因猴子"安迪"在美国诞生，2008 年，中国第一例转基因猴子在昆明落地。中美科学家所用的猴子都是猕猴，所转基因都是绿色荧光蛋白。这标志着继美国、日本之后，中国成为全球第三个拥有非人灵长类转基因动物的国家。

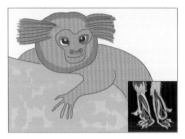

转基因非人灵长类动物的培育方法并不复杂，研究人员先从雌猴体内取出卵子，使其体外受精，获得胚胎。在胚胎不同发育阶段，将绿色荧光蛋白注入。经过 3～5 天培养，筛

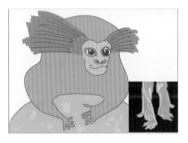

选出表达绿色荧光蛋白的胚胎，将这些表达绿色荧光蛋白的胚胎植入到代孕母猴体内，生产出两只小猕猴。日常光照下，两只转基因猕猴与普通猕

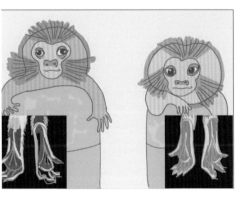

猴无异，大眼睛，棕黄毛。一旦有紫外线照射，它们即变得与众不同：脸、耳朵、手掌、脚底等毛发稀疏的部位呈绿色。如果没有毛发遮挡，全身发绿。

转基因环保猪即将在广州诞生

一种全新的猪品种 ——环保、抗病、保健型转基因猪即将在广州诞生！可喜可贺！

在华南农业大学与广东温氏食品集团联合建立的实验室里，科研团队正在从事一项革新物种的实验：利用转基因技术，培育2个突破性的猪品种。目前国内的猪种普遍饲料利用率很低，我们希望新的猪种能够少吃饲料，多长肉。而猪粪便产生大量异味，严重污染环境，大规模饲养对周边环境影响较大，所以养猪场一般都在郊区，这就提高了运输成本。于是华南农业大学的专家们通过转基因技术，获得一种"环保猪"，它能够显著提高饲料利用率，并且粪便量少、异味小，危害环境的磷含量也降低了。猪儿们也加入到了"低碳运动"中。

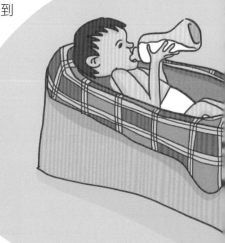

猪的疫病对于养殖户是极大的风险。猪瘟等疾病暴发会让养殖户倾家荡产。万一染病的猪肉流通进入市场，对百姓的健康威胁极大。食品安全问题已经一次次敲响了警钟，如果能够"制造"出抗病猪，通过转基因技术把抗病基因转入猪体内，就能大大减少猪养殖业病害风险中传染病的风险，食品安全也得到保障。

产"人奶"的牛

奶粉质量事件不断引起人们对食品安全的重视，甚至有人为了喝到安全的鲜奶，不惜自己饲养奶羊、奶牛，"自己动手，丰衣足食"啊。如果奶牛能够分泌与人奶成分相似的牛奶，牛奶就有望可以替代人类母乳，成为国内婴儿配方奶粉的替代品，这就解决了有些妈妈奶水不足的问题。

针对这些情况，中国农业大学农业生物技术国家重点实验室研究人员将人类基因编码植入荷斯坦奶牛胚胎DNA 中，然后将胚胎植

入代孕牛体内。2003 年，科学家成功培育出第一头可产与人类母乳营养成分相近牛奶的奶牛，其奶味更重、更甜。

此次项目的负责人李宁教授说："这种转基因牛奶与人类母乳的成分相似，我们的转基因牛奶包含人类母乳的多种主要成分，特别是我们认为对健康有益、能改善人体免疫系统的多种蛋白质和抗体。"

目前，李宁教授的团队得到中国一家大型生物技术公司的支持，他们力争在 3 年内将这种牛奶以一种居民消费得起的形式推广上市。

小故事

换心的传说

话说古代名医扁鹊，他对鲁国的公扈和赵国的齐婴察言观色一番之后，建议并帮助他们两人换心。扁鹊对公扈说："志疆而气弱，故善于谋而寡于断"，而齐婴"志弱而气疆，故少于虑而伤于专"，若两心相换，则均以善哉！

然后，扁鹊让两人喝了药酒，昏迷 3 日，投以神药。醒后如初，两人回到对方家中，双方妻子都不认识他们，弄到要打官司，直到扁鹊出来说明真相，才化解这一矛盾。

4　器官移植传佳音

器官移植的今古奇观

换心不再是神话，人们对花木嫁接之类的事情，早就非常熟悉。但是，如果一个人的某一个器官遭受到不可修复的损害，能不能也像植物一样，来个"移花接木"，把另一个人或动物的相同器官，像机器换零件一样地置换过来呢？

器官移植一直以来都是人类的梦想。如我国古代就有名医扁鹊替鲁国的公扈和赵国的齐婴换心的故事。那时候的换心，只是传说，近乎于神话。随着科学的不断发展，今天换心变成了现实。1967 年南非医生克里斯蒂安•巴纳德博士成功进行了首例心脏移植，就是实证。

自体移植早有先例，公元前 700 多年，在古代印度就有鼻子再造的手术方法记载，在额上取一块皮肉植到被毁坏的鼻子的位置，把损伤的鼻子修好。19 世纪，由于麻醉药的发明和外科手术技术的发展，使得皮肤、肌腱、软骨的移植开始应用于临床。这些器官移植，都是先在实验动物身上进行，然后实施到人，实验动物在器官移植领域立下了汗马功劳。

异体器官移植，曾经是梦，今天梦已成真。异体器官移植要取得成功，在技术上必须攻破 4 个难关，一是要有供体器官；二是切取离体缺血器官的保存技术；三是移植器官血管通道重建；四是克服排斥反应。随着科学技术的不断进步，这 4 个难题已逐步被攻破，从而保证了器官移植成功并长期存活。

1962 年美国科学家默里第一次进行人体肾移植并获得长期存活。器官移植作为医疗手段，终于成为现实。因此，默里获得1990 年诺贝尔生理或医学奖。器官移植面临的问题是需求者多，供体者少，这就迫使科学家向其他实验动物如猪、猴等寻求供体。

目前，每年发生心功能衰竭的患者约 40 万人，人体器官资源严重不足，据世界卫生组织统计，全世界每年只有不到 5% 的病人可以接受同种移植手术，超过95%的病人得不到需要的器官而死去，而在我国该比例不足 1%。每年不断有更多的新患者加入等待移植者的行列，加上再次移植、多次移植的患者，使得许多患者在等待供体器官的过程中死亡。在东方国家，"脑死亡"还未被接受，致使同种异体供器官质量不理想。开发新的器官来源即异种器官是克服这些困难的一个办法，并已成为目前器官移植研究的热点之一。

科学研究表明，猪与人类在解剖结构和生理功能上有很多相似之处，猪非常适合制作人类疾病的动物模型，如糖尿病、高血脂症、动脉粥样硬化等人类常见和重大疾病。近年来，转基因技术、克隆技术、基因敲除技术以及干细胞／诱导多能干细胞技术都较多地以猪为研究对象。过去影响猪应用的主要原因是个体偏大，不易操作，由于遗传育种技术的进步和猪资源的开发，目前已经培育出体重 30 千克左右的小型猪。小型猪的出现，使猪在生物医药研究中的地位有了更大幅度的提高。当前全世界在其他实验动物用量下降 25% 的情况下，猪的用量翻了一番。除此以外，小型猪具有体型小、价格低、遗传背景明确、微生物易控制和较少伦理学限制等优点，因此，小型猪是医学界公认的异种器官移植的最佳供体。探索将小型猪应用于异种移植的方法和策略，有望成功获得可用于异种移植的细胞、组织和器官，解决临床外科移植供体器官严重短缺的困境，其具有巨大而诱人的市场前景。

延伸阅读

　　自古以来，人们就幻想利用动物的某种部分装备自身，以实现具备特异功能的美好愿望，从古埃及的狮身人面兽到古希腊的自由飞鹰女神，无不表达人类对神奇之嵌合物的充分想象力和崇拜感。另一方面，人类也渴望用动物的肢体、器官来治疗疾病。拉玛苏是巴比伦神话中的人首半狮半牛怪，保卫着亚述人的神庙和宫殿。它们有翅膀，可以飞翔，而且力量很大，目前已被国际器官移植协会及其杂志选为其标志和封面。

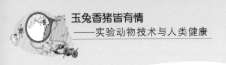
动物子宫移植已告成功

怀孕产子的基本条件有两条：一是要有精子和卵子结合生成受精卵；二是要有子宫，供受精卵着床、生长及发育。因子宫有先天或后天缺陷而无法生育，一直是部分女性的终生憾事。日前，瑞典哥德堡大学产科和妇科系主任马茨·布伦斯诗伦教授宣称，他们的团队已经找到了成功移植子宫的奥秘，并已在动物实验中取得了成功，预计两年内将实现在人体进行子宫移植。如果手术成功，将会给众多不孕女性带来福音，甚至在不久的将来，男人也可以怀孕产子。

马茨·布伦斯诗伦教授说，他们已在老鼠身上进行了子宫移植实验，他们将从健康老鼠身上摘下的子宫冷冻 24 小时后移植回老鼠身上，接受手术的老鼠不仅通过自然交配怀孕，而且还顺利地产下了幼鼠。

此外，研究人员还对羊和猪进行了子宫移植实验，效果也相当理想。马茨·布伦斯诗伦教授在接受媒体采访时说：我们首次证明了移植的子宫能够孕育后代。

他同时预计两年内实现人类的子宫移植。更有一些大胆的医学专家指出，移植子宫对象不光是女性，还可以是男性。

目前，中国的科学家建立了高度近亲小鼠的同种异体子宫移植模型。瑞典科学家此次在老鼠身上成功移植子宫，并首次能顺利怀孕分娩，是子宫移植研究的一大突破。

子宫移植研究在广州

时至今日，心脏移植、肾移植和肝移植挽救了无数濒临死亡的病人。到目前为止，多个器官移植都有成功例子，但人类子宫移植的成功例子尚未见报道。

2010 年 10 月，广东省有关部门正式批准广州医学院第三附属医院开展"灵长类动物同种异体子宫移植的研究"。这在亚洲来说，是处于领先的研究项目。

该研究项目的负责人、广州医学院第三附属医院妇产科专家王沂峰教授说，灵长类动物的生理结构与人类最接近，如果在灵长类动物身上试验成功，相信人类子宫移植也将很快实现。女人之间子宫移植成功了，那么把女人的子宫移植到男人体内也是有可能的。

王沂峰教授说："目前我们的研究处于初级阶段，但是我们已经和瑞典哥德堡大学子宫移植团队建立了长期的交流机制，共享灵长类子宫移植的数据和手术经验。我们的目标是在灵长类动物同种异体子宫移植的基础上，力争实现人类子宫移植。"

目前，该项目在广州建立了科研基地，已基本掌握了子宫移植手术的一些基础环节，例如已利用食蟹猴建立产后出血的模型，掌握了灵长类动物盆腔解剖结构。已开展灵长类的人工辅助生殖技术研究等。

　　青年女子阿芳，婚后一直没有怀孕，虽然丈夫没有嫌弃她，但她非常痛苦。去年来到广州某医院求医，经医生详细检查，患的是医学上叫"先天性子宫发育不全症"。这种病例虽然发生率不高，但我国人口多，若按比例计算病例总数也不少。如果人类子宫移植成功，将会给像阿芳这样的病人带来福音。

不孕症人越来越多

　　据了解，在英国，约有1.5万妇女因子宫缺陷而不能生育后代，她们当中每年都有200人通过代孕母亲"借腹生仔"，解决生育问题。

　　在我国，目前法律是禁止代孕行为的。社会伦理也反对代孕行为，而子宫源性不孕症患者的数量逐年增加，所以子宫移植需要量越来越大，子宫移植是治疗子宫源性不孕症的唯一手段。目前器官捐献人群逐渐扩大，子宫供体紧缺局面会有所缓解，因此，研究子宫移植非常必要。

子宫移植的医学难题

　　子宫移植，除了手术本身复杂且有风险以外，接受移植的患者还要面临着移植器官血液供应严重不足和排异现象剧烈等难题。

国外研究人员曾尝试进行近亲子宫移植，将母亲子宫移入女儿体内，但由于手术时捐赠人无法提供足够的血管组织来确保移植子宫足够的血液供应，最终导致手术失败。但 2009 年英国妇产科医生查德•史密斯宣布，他首次成功证明为移植子宫提供稳定的血源是完全可能的，从而突破了子宫移植的重大技术瓶颈。

器官移植技术，虽然复杂，但均已被克服，例如皮肤移植、肝脏移植、肾脏移植、心脏移植……都有成功例子。但术后最大难题是器官移植排异现象。为了减弱排异现象的发生，子宫移植的供体和受体最好是近亲，如母女，姐妹等。

即使近亲子宫移植，排异现象仍不可避免。器官移植后所谓供体，即新植入的器官，对于受体来说，是"外来户"，是不受欢迎的"客人"，被机体认为是异物入侵，从而产生一种剧烈的排异现象，制造一个极不利于移植器官的生存环境，使器官移植失败。

为了克服这种排异现象，医生常在术后患者身上注入免疫抑制剂，也就是抗排异药物，它能使人体忠诚卫士 ——免疫系统产生"麻痹"，分不清"敌我"。从而使从别人身上移植过来的器官、组织，慢慢地与周围环境"打成一片"。 日子久了，也就变得能够让"主人""容忍"了，并长期植根于受体身上。

抗排异药物的更替日新月异，最先使用的是硫唑嘌呤或抗淋巴细胞球蛋白， 它们使移植器官出现稳定发展的态势。而第二代抗排异药物"环孢素 A"，则大大地推进了器官移植的进程。

长期服用抗排异药物，对移植的子宫的受孕影响也很大，常会导致流产和胎儿先天性畸形。可见， 抗排异药与受孕存在着重

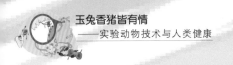

大的矛盾。

如何解决抗排异药物和受孕两者之间的矛盾？可以组织一支实验动物"探险队"，通过动物实验，借助于基因工程技术，减少抗排斥药物的应用。总有一天，人类的子宫移植会成功的。

男人可以怀胎吗

男人可以怀胎产子吗？从理论和技术上来说，是完全可以的，它和女性子宫移植、怀孕产子的道理是一样的。所以说，男人怀胎不是梦！关键是伦理、道德难以通过。

瑞典专家迪亚兹·加西亚博士称："研究子宫移植技术的目的，只是为了给成千上万不孕妇女带来福音，绝不会尝试让男性接受子宫移植手术并怀孕产子。"

英国"不孕网络"组织发言人苏珊·茜南则说："对于一些没有任何其他希望生儿育女的妇女之家来说，这将是一个令人振奋的好消息。然而，这一手术也将引发许多道德问题和伦理问题。"

女性怀孕是一种自然分工，而男人怀孕将打破自然规律。从医学角度来说，男人生孩子违反自然法则。人类社会发展至今，已进入一个文明社会，需要一些制度来制约着人们的行为，而不能进入无序状态。任何跟生命科学相关的新技术、新发明都应该首先考虑到人类物种的优化和伦理问题，不能泛滥使用，不能随意改变，更不能主动去破坏自然法则。

虽然子宫移植到男性体内存在道德和伦理问题，但是应用实验技术将子宫移植到雄性动物体内却有很高的科研价值。

5　动物实验新技术

免疫系统重建技术

　　人体天生具备抵御疾病的能力，这种能力要归功于免疫系统，免疫系统发挥作用主要依靠免疫细胞，比如 T 细胞、B 细胞和 NK 细胞等，这些细胞在清除外来病原的战斗中发挥着主要作用。但是如果人体的免疫系统出现问题，这些细胞将失去战斗力，不能

抵御疾病了，人类的身体健康将会受到威胁。为了让这些病人重新获得免疫力，科学家们便用免疫缺陷动物开展研究。这些免疫能力低下的动物被精心饲养在封闭、洁净、无菌的环境中，科学家们设想把能够分化成病人 T 细胞或 B 细胞的干细胞移植到免疫缺陷动物体内，由于这些动物没有抵御外来入侵的能力，所以人的免疫细胞就可以在这些动物体内大量增殖。如果将其成功移植回病人体内，病人就有了抵抗疾病的能力，从而恢复健康，这将是医学史上令人激动的事情。

干细胞技术

干细胞是一种未充分分化、尚不成熟的细胞，具有再生各种组织器官的潜在功能，医学界称为"万用细胞"。在一定条件下，它可以分化成多种功能细胞。根据干细胞所处的发育阶段分为胚胎干细胞和成体干细胞。根据干细胞的发育潜能分为 3 类：全能干细胞、多能干细胞和单能干细胞。

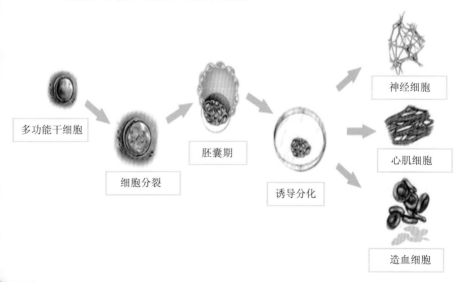

多功能干细胞　细胞分裂　胚囊期　诱导分化　神经细胞　心肌细胞　造血细胞

2007 年后，科学家们在干细胞研究中再度取得了突破性的成就 ——将人类的体细胞通过重编程技术成功获得诱导多能干细胞（iPS 细胞）。这项细胞研究成果在干细胞和发育生物学研究领域中具有划时代的意义。诱导多能干细胞最早见报于 2006 年，日本一小组将 4 种转录因子导入成体成纤维细胞，并将其重编程为诱导多能干细胞。由于诱导多能干细胞绕开了胚胎干细胞研究一直面临的伦理和法律等诸多障碍而受到科学家们的青睐，2007 年《科学》、《自然》和《时代周刊》等杂志均以诱导多能干细胞逆转"生命时钟"为名将其评选为年度十大科学突破。2012 年更是获得诺贝尔生理或医学奖。

由于表现出胚胎干细胞的相似性，越来越多的科学家已将诱导多能干细胞应用于器官损伤、退行性疾病、抗衰老等研究。局部注射诱导多能干细胞源性神经干细胞到脊髓神经受损而失去行动能力的老鼠体内，结果新细胞在老鼠脊髓内成活，并且使与运动机能相关的神经组织获得再生，老鼠行动能力因此得到恢复。诱导多能干细胞直接注射到脑梗大鼠大脑皮质层，梗死面积明显减少，并改善了大鼠的运动功能。

由中国农业大学李宁院士主持，包括中国科学院广州生物医药与健康研究院、浙江大学等国内 10 多家单位共同参与的猪诱导多能干细胞研究取得突破性成果，成功培育出多头诱导多能干细胞克隆猪。这是世界上首次获得活体诱导多能干细胞克隆猪，相关论文日前已发表在《细胞研究》上。中国科学院广州生物医药与健康研究院赖良学课题组将浙江大学肖磊实验室获得的猪诱导多能干细胞分化 4～6 天，使诱导多能干细胞退出快速的细胞周期，

外源基因表达下降后再进行核移植，分化后的诱导多能干细胞的细胞核移植后体外发育囊胚率由原来的 5% 提高到 20% 左右。

单克隆抗体技术

脾脏是人和动物重要的免疫器官，是对抗疾病侵略的重要"军事基地"，脾脏中上百万种不同的 B 淋巴细胞是一个巨大的"武器库"，存放着各种各样的"武器"。如果机体受到大量癌细胞的侵袭，脾脏能够提供杀伤这些癌细胞的"导弹"远远不够，机体就会危险告急！怎么办呢？如何生产大量的"导弹"呢？这个时候还得靠可爱的实验动物。科学家根据需要先用一部分外来物质（就是抗原）去攻击（免疫）实验小鼠，小鼠机体一旦发现敌情，体内相应的 B 淋巴细胞就开始活动，产生抗体，这时科学家把这种能对付外来物质的细胞找出来和骨髓瘤细胞融合形成杂交瘤细胞，后者能大量增殖并产生抗体。从杂交瘤细胞中挑选出增殖快，生产抗体多的细胞置于体外培养或注入小鼠腹腔中（体内培养）形成腹水。从上述培养液和腹水中可分离纯化出特异性很强的单克隆抗体。这种单克隆抗体的打击针对性非常强，可以一对一地有效消灭外来物质，在癌症的靶向治疗中有着重要的意义。此外，由于其很强的特异性，也可以作为检测毒素的工具。比如，在食品安全检疫中，它可以迅速锁定农产品中的某种农药，准确判断该农产品中是否有这种农药残留。另外，单克隆抗体也是科学家们进行分子生物学研究的重要工具，所以单克隆抗体无论是用作药物还是用作诊断试剂，其价值都相当昂贵。

抗体是人类身体对抗体内病原的一种有力武器，也是医学实验中研究蛋白质与蛋白质之间相互作用的常用试剂，抗原抗体反

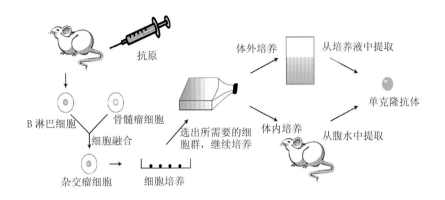

抗原

B 淋巴细胞　　骨髓瘤细胞

细胞融合

杂交瘤细胞　　　细胞培养

选出所需要的细胞群，继续培养

体外培养　　从培养液中提取

体内培养

从腹水中提取

单克隆抗体

应的本质就是蛋白质与蛋白质之间的相互作用。

基因敲除技术

2007 年 10 月 8 日，诺贝尔生理或医学奖揭晓，70 岁的美国人马里奥·卡佩奇、82 岁的美国人奥利弗·史密西斯和 66 岁的英国人马丁·埃文斯分享这一奖项，因为他们在"利用胚胎干细胞对小鼠基因进行定向修饰原理方面的系列发现"，直接催生了基因靶向技术，深远影响了现代生物医学的研究面貌。

顾名思义，基因靶向就是把特定基因作为研究的"靶子"，按照科学家研究的目的将其改变。最常用的手段是将这个基因从功能上灭活掉，称为"基因敲除"。这种方法让动物的某一特定基因不再发挥作用，从而使科学家得以判断该基因的功能。

基因敲除是通过将一段变异的 DNA 片段导入细胞中，它能与细胞中某个特定基因发生同源重组，替换这个特定基因，从而导

1 基因载体的构建

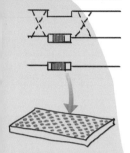

致这个基因功能发生缺失，而达到基因敲除的目的。基因敲除小鼠的制作，是首先将变异DNA制作成打靶载体，然后用转基因的方法将打靶载体导入小鼠胚胎干细胞（ES细胞），然后将 ES 细胞注射入小鼠的囊胚中，生出的后代中就有部分敲除某个基因的嵌合体小鼠。

2 ES细胞（胚胎干细胞的获得）

3 同源重组

4 选择筛选
已击中的细胞

这种方法对于理解基因的功能非常有用。大家知道，人类基因组计划已经完成，但是对于我们来说，大多数基因的功能还像海洋上的暗礁，底细不明。小鼠的基因组与人类非常相似，凭借基因敲除技术，科学家可以对小鼠基因逐个加以研究，这为发病机制、胚

6 得到纯合体

5 表型研究

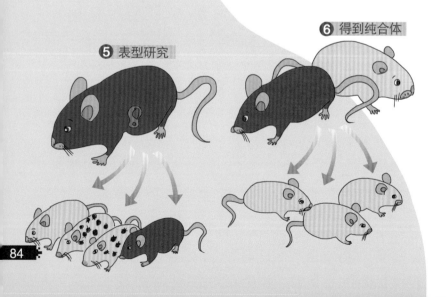

胎发育、衰老研究开辟了一条新路。

基因敲除技术很快发展成为一种非常实用的研究工具，世界各地的科研机构、高等院校以及药物公司都开始尝试这种方法。现在，人们可以让特定的基因到了预先设计好的时间再从基因组中敲除，这样可以避免因敲除对发育至关重要的基因而可能引起的动物死亡，还可以让这种基因敲除只在特定的组织发生，以防止机体重要器官受损导致动物死亡，也让功能研究更有针对性。

至今，科学家们已经分别敲除了一万多种小鼠基因（约占所有基因的一半），搞清了许多基因的功能，并建立起了500多种动物疾病模型。这对疾病的分子机制研究和疾病的基因治疗来说具有重大意义，也为改造生物、培育新的生物品种提供了可能性。

修复人体的缺损器官，是多少年来全世界医学专家孜孜追求的梦想。传统的修复方法有3种：自体移植、异体移植和组织代用品。这3种方法各有弊端，或受客观条件的限制难遂人愿。

任何器官的移植，包括脑在内，在外科手术上都已经不成问题。移植的主要障碍在于免疫排斥反应会使器官失去功能。一旦抗排斥治疗失败，便会导致前功尽弃。由于移植器官供给来源短缺，供不应求，科学家自然将目光转向了异种器官移植，因此，器官大小与人相似、繁殖速度较快的猪便成为了供体目标。

1998年，在我国留美学者赖良学的参与下，美国密苏里大学的科学家首次运用基因敲除技术，敲除了猪的 α-1，3 半乳糖转移酶的基因。科学界普遍认为，这是向异种器官移植迈出的关键一步，转基因敲除猪成为2002年世界十大新闻之一。

猪的器官在大小、结构和功能上与人体器官相近，一向是异种器官移植的主要研究目标。但猪细胞表面有一种半乳糖基转移酶，会导致人体免疫系统产生强烈超急性排斥反应。理论上，用基因敲除手段抑制这一物质活性，再结合克隆技术，应能大量生产适合人体移植的猪器官，减弱或消除排异反应，因此，基因敲除克隆猪培育成功的消息备受关注。

转基因技术

转基因技术是将人工分离和修饰过的基因导入到生物体基因组中，通过外源基因的稳定遗传和表达，达到品种创新和遗传改良的目的，也可通过干扰或抑制基因组中原有某个基因的表达，去除生物体中某个我们不需要的特性，也就是我们常说的"遗传性状"。"外源基因"是指在生物体中原来不存在的基因，也就是外来的基因。转入了外源基因的生物体会因产生新的多肽或蛋白质而出现新的遗传性状。

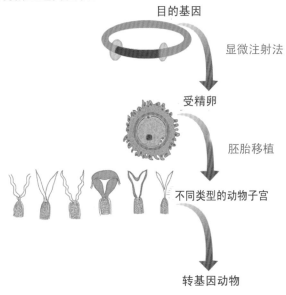

延伸阅读

　　常用的动物转基因技术有显微注射法、精子介导的基因转移法、核移植转基因法和逆转录病毒法。

　　显微注射法：在显微镜下，用一根极细的玻璃针（直径 1~2 微米）直接将外源基因注射到受精卵的细胞内，注射的外源基因与胚胎基因组融合，然后将受精卵进行体外培养，最后移植到受体动物子宫内发育。这样随着受体动物的分娩就可能产生转基因动物个体。显微注射法是转基因动物研究中最常用的方法，但其存在效率低、表达不稳定、需要大量的动物供体和受体动物等缺点。

　　精子介导的基因转移法：该方法是把动物精子进行适当处理后，使其携带外源基因。然后，用携带外源基因的精子给发情雌性动物授精，在雌性动物所生的后代中，就有一定比例的动物是转基因个体。

　　核移植转基因法：先将基因导入到体外培养的体细胞中，筛选获得带转基因的细胞。然后，将细胞核取出，并移植到去掉细胞核的卵细胞中，生产重构胚胎。重构胚胎再移植到母体中，从而产生转基因动物。

逆转录病毒法：将外源基因连接到逆转录病毒基因组，包装成病毒颗粒，直接感染受精卵，或微注入囊胚腔中，随后携带外源基因的逆转录病毒 DNA 自动整合到宿主染色体上。

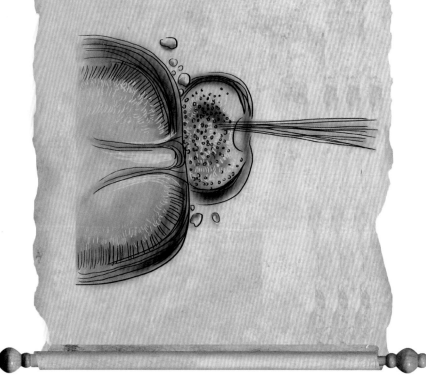

四　同病相"联"
——人类疾病动物模型

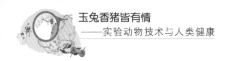

小故事

艾滋病病毒是怎样从非洲密林走向人类的

20世纪70年代以来,一系列人与动物共生疾病开始突袭人类,其中最显著的有禽流感、非典型传染性肺炎(SARS)以及艾滋病等等,其中禽流感是由禽类传染给人的,非典型传染性肺炎是由野生动物传染给人的。

艾滋病又名"获得性免疫缺陷综合征"。从1981年在美国发现首例病人后,此后便以几何级数倍增,如今在全世界已有数以千万计的病人,令人闻"艾"色变,甚至有抢劫者自称患有"艾滋病",而用带血针筒威胁被劫者乖乖地放下钱财。

艾滋病的罪魁祸首可能是生活在非洲中部原始密林中的绿猴,那么,绿猴生活在中非原始森林中,它又怎么会把病毒传染给人类呢?说起来,这里面还有一段离奇的故事。

现在查明,艾滋病的"病原"是人免疫缺陷病毒(HIV),是一种逆转录病毒。这种病毒会从被传染的细胞中以"芽生"的方式释出,并使被感染的细胞溶解坏死,而且这种病毒有很高的遗传变异性,能够由动物传播给人。

据说,在中非原始森林里,与绿猴相邻生活着一个食人部族,他们以狩猎和采集野果为生，这是一个未开化的野蛮族群，吃死人、吃猴肉、喝猴血，还特别喜欢食人和动物的脑组织，在部族老人死后，他们都要揭开死者的头盖骨分食其脑组织，据说那样可以获得死者的智慧和力量。而绿猴生活在原始森林里，也不知什么时候早已感染了免疫缺陷病毒，这些病毒广泛存在于绿猴血液、精液、宫颈液、乳汁、泪液、唾液、尿液和脑脊液中，病毒有嗜淋巴细胞性和嗜神经性，它们在绿猴体内经过世代变异，已变得更具攻击性，在体外可耐受 56℃ 的温度达 20 多分钟。食人部族吃了带有病毒的绿猴猴脑后，病毒在人体中经过进化，就变成了可怕的人免疫缺陷病毒，再经过当地患者与外来人员的亲密接触、性交等，就在人群中广泛传播起来。美国 1981 年记录了首例艾滋病患者以后，在短短 10 年内，艾滋病人已遍及全球五大洲 157 个国家，发现了 30 万名艾滋病患者，感染人数已达一千万人！而今艾滋病祸及的人数已达数千万，艾滋病病毒已成为最可怕的一种疾病。那么今后要怎样才能战胜艾滋病呢？要用什么药才能抑制消灭艾滋病病毒呢？显然还要走很长的路，实验动物则是抵抗艾滋病病毒研究攻关不可或缺的好帮手。

当我们了解了种类繁多的实验动物以后，大家不免有疑问：这么多种实验动物，在生命科学与医学研究中，具体是怎么应用的？比较直观的就是前文讲述的用来产"人奶"的转基因克隆牛以及为人类提供供体器官的猪等。然而这仅仅是实验动物重要应用价值中的冰山一角。种类繁多的人类疾病动物模型是实验动物在生物医学研究中施展拳脚的更大舞台。

1 模式动物与动物模型

何谓模式动物？何谓动物模型？

模式动物一般是那些结构简单、体型较小、繁殖快速的小动物，包括果蝇、线虫、斑马鱼等，它们同样具有高等生物一样的代谢

活动、遗传规律，而较小的体型更适合于作为研究对象，从研究模式动物得到的结论，通常可适用于其他生物甚至人类。许多生命科学的基本规律，如代谢、细胞凋亡、细胞周期等都是通过模式动物的研究而获得的。

动物模型通俗地说，就是在动物身上复制一种人类疾病，然后在动物身上研究这种疾病，这种动物就叫人类疾病的动物模型。

摩尔根的故事

1933 年，美国科学家托马斯·亨特·摩尔根用果蝇研究遗传学而获诺贝尔生理或医学奖。摩尔根大胆地采用果蝇作为遗传学的研究材料，通过果蝇实验发现了白眼突变、性别连锁特性及基因的交换，证明了伴性遗传，最终确立了染色体是遗传物质的学说。

模式动物——实验的尖兵

模式动物有多种，人类在近百年的现代科学研究过程中，逐渐寻找到果蝇、秀丽线虫、斑马鱼等几种理想模式动物。它们有一个共同的特点：身体结构简单，整个身体的细胞数量和种类很少，胚胎在体外发育，其变化很容易观察。

果蝇是被人类研究得最彻底的生物之一。其名字源于它喜好腐烂的水果以及发酵的果汁，是一种原产于热带或亚热带的蝇种。它和人类一样分布于全世界，并且在人类的居室内过冬。果蝇易于培养、繁殖，而且经济。在基因研究方面，果蝇是最常见的研究对象，原因是它14天就可以繁殖1代，只有4对染色体，还有它可以显示很多变异。果蝇在近代生物学史上的地位显赫，这红眼睛黑肚皮的小东西曾经三度飞进卡罗林斯卡医学院的颁奖大厅，为主人赢得了诺贝尔奖桂冠（1933年摩尔根，1946年缪勒，1995

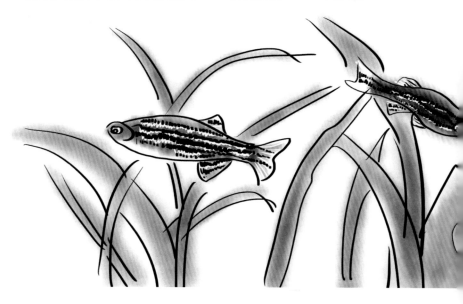

年刘易斯、尼尔森·沃哈德和维斯郝斯）。果蝇的应用，大大推动了遗传学的发展。

秀丽线虫是一种生活在土壤中，以细菌为食的微型动物，体长 1 毫米左右。秀丽线虫，是科学家完成全基因组测序的首个多细胞动物。秀丽线虫的生活周期短，3 天后性成熟，平均寿命 13 天。在发育过程中，成虫通体透明，共生成 1 090 个细胞，其中凋亡 131 个细胞。因此，成虫全身的细胞数目是 959 个，每一个细胞的命运都可以被标记后用显微镜追踪。在秀丽线虫遗传信息完全清楚的基础上，借着它如此独特的生物学特征，科学家以其为实验对象，先后发现了细胞凋亡、RNA 干扰这两种生命现象，这两项发现分别获得 2002 年和 2006 年的诺贝尔奖。

斑马鱼是一种非常容易饲养的热带鱼，在普通的超市中就

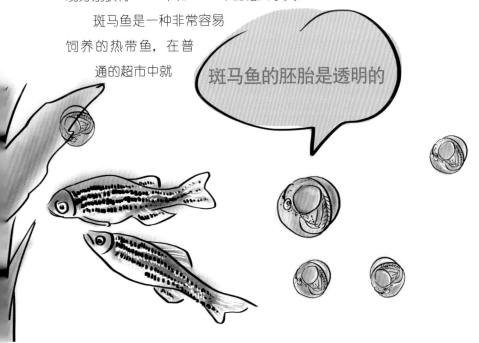

斑马鱼的胚胎是透明的

能见到。斑马鱼繁殖迅速，产卵量多，成熟鱼每隔几天就可产卵 1 次。卵子体外受精、体外发育，胚胎发育同步且速度快、胚体透明，便于观察发育过程，是研究胚胎发育的良好实验材料。同时，斑马鱼繁殖快，生命周期短，易于饲养，也使其成为大规模新药筛选的实验动物。由于斑马鱼基因与人类基因十分相似，因此它受到生物学家的重视。斑马鱼的胚胎是透明的，生物学家很容易观察到药物对其体内器官的影响。此外，雌性斑马鱼可产卵 200 枚，胚胎在 24 小时内就可发育成形，这使得生物学家可以在同一代鱼身上进行不同的实验，进而研究病理演化过程并找到病因。迄今已鉴定有 8 000 多种斑马鱼突变体，其中 1/4 成为人类疾病模型。它们可模拟多种影响人类健康的重大疾病，比如人类贫血、耳聋、视网膜变性、肌无力症、恶性肿瘤和阿尔茨海默病等。在科学技术飞速发展的今天，斑马鱼闪耀着绚丽的光彩。目前，世界排名前十的制药公司如诺华、辉瑞、罗氏和阿斯利康等公司已建立了自己的斑马鱼药物筛选实验室，或与知名的斑马鱼研究团队合作建立了高通量新药开发技术平台，并取得一定成果，斑马鱼已经成为最受重视的脊椎模式动物。

模式生物在基础研究的领域贡献极大，通过这些结构简单的小生物，科学家发现了细胞凋亡、细胞周期性分裂、基因转录翻译的过程等基本的生命现象，为治疗人类疾病、延长人类寿命奠定了良好的基础。

动物模型——人类的替身

在医学研究中，科学家想要攻克某一种人类疾病，寻找治疗这种疾病的药物，需要走很长的路。长久以来，人们发现以人本身作为实验对象来寻找治病的方法是相当困难的，临床积累的经验不仅在时间和空间上存在着局限性，许多实验性的治疗方法在道义上和方法学上还受到种种限制。而人类疾病动物模型的吸引力就在于此，它克服了以上种种的不足，从而在生物医学研究中大放异彩。

使用人类疾病动物模型是现代生物医学研究中的一个极为重要的实验方法和手段，它有助于更方便、更有效地认识人类疾病的发生、发展规律和研究防治措施，能供科学家更好地研究疾病的发病机制，并从发病机制上寻找更好的治疗靶点，进一步促进新药的开发。

为了攻克人类疾病，科学家已经在不同动物身上复制出多种人类的疾病。包括高血压、糖尿病、肿瘤这几种号称人类健康的头号杀手的疾病，还有烧伤、冻伤、关节损伤等外科损伤模型，以及老年痴呆症、辐射病等罕见的疾病。几乎所有临床上能见到的人类疾病，都能够在动物模型身上重现。

通过对大鼠注射会导致胰岛细胞损伤的化学试剂四氧嘧啶或链脲佐菌素，可以造成大鼠的糖尿病模型，这种模型可以用于研究治疗糖尿病的方法。例如，采用大鼠糖尿病模型来评价注射胰岛素，或者注射胰岛细胞、干细胞等方法的治疗效果。干细胞是一种能分化为身体任何一种类型的细胞，具有很强的增值与分化能力，在胰岛的位置注射干细胞后，干细胞会受到所处环境的影响，分化为有分泌胰岛素功能的胰岛细胞。干细胞疗法有希望治疗很多疾病，但是这种新方

法现在还只是处于实验研究阶段，其有效性和安全性需要进一步考量，进行临床前实验研究。在这些临床前研究中，需要大量的实验动物疾病模型。

目前，美国食品和药物管理局（FDA）规定，新药在临床试验前，必须要先在两种以上动物身

药物临床前
动物实验研究

物Ⅰ、Ⅱ、Ⅲ期
床实验

上进行动物实验。在攻克人类疾病上，人类已经取得了很多成果，例如，现在虽然人类还不能完全攻克癌症，但是已经发现并使用了很多抗癌的新药，例如，抗体类的药物赫赛汀、吉非替尼等，大大延长了癌症患者的寿命，这些新药的研发过程中，都需要使用肿瘤实验动物模型（其中至少有一种是非啮齿类实验动物）。

在制作动物疾病模型时，要遵循一定的原则。首先，不同动物患上同一种疾病时的表现是不一样的，要寻找病理表现与人类最相似的动物来制作动物模型。例如，自发性高血压大鼠模型的病理表现与人类高血压最相似，是研究人类原发性高血压的理想模型，犬的自发性类风湿关节炎与人类幼年型类风湿关节炎十分相似，也是一种理想的模型。

一般认为，动物进化程度越高等，与人的生理结构越相似，疾病表现也越相似。但实际应用中，并不完全如此，要分析比较不同动物间疾病表现的异同，需寻找最适合最有效的动物疾病模型。例如，在用非人灵长类实验动物诱发动脉粥样硬化疾病时，其病变部位经常在小动脉，即使出现在大动脉也与人类分布不同，而用鸽子制作这类模型时，胸主动脉出现的黄斑面积可达10%，镜下变化与人也比较相似，因此制作动脉粥样硬化模型时鸽子比非人灵长类实验动物更适用。

其次，在能达到研究目的的前提下，优先选用低等的实验动物。非人灵长类动物与人类最相近，复制的人类疾病模型相似性好，

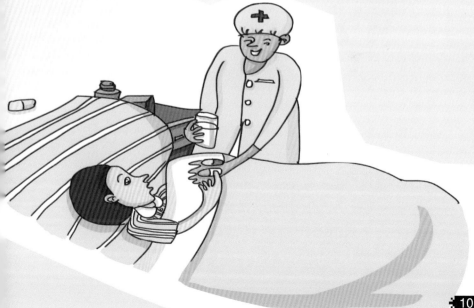

但是它们稀少珍贵，饲养成本高，体内的微生物不容易控制，并不适合大规模应用。普通的疾病模型，使用大鼠、小鼠、豚鼠、兔能复制出来的，就尽量使用这些动物，它们的遗传背景明确，体内微生物已知，复制的疾病模型稳定，更便于研究。除非一些其他动物模拟不了的疾病（如艾滋病、SARS、脊髓灰质炎等），才提倡使用非人灵长类动物。

无论用哪一种动物模拟的人类疾病都不能完全反映人类疾病的所有表现，我们要做的就是从比较与分析中总结一些假设与结论，这种比较分析的方法，就是比较医学的范畴。

2 动物模型的分类

自发疾病的动物模型

有些动物在出生时就表现得与其他动物不一样。在小鼠王国中，有的小鼠体型肥胖，有的小鼠毛发变成白色，有的小鼠患有高血压症，有的小鼠易发肿瘤，这也是造物主鬼斧神工制造出的生物多样性，这种特殊的生物表型，我们称之为突变，是由基因突变造成的。把偶尔的一只白色突变小鼠挑出来，让它与自己的后代以及兄弟姐妹间持续交配传代，20 代以后，它们的后代就都变成这种白色的表型，这就形成了一个特殊品系的白化小鼠，也就是一个突变系小鼠。这种近亲交配的方式，叫做近交系培育，用这种方法，可以把自然发生的突变小鼠培育成突变系。自发糖尿病的肥胖小鼠，自发高血压的大鼠，都是通过这种方法获得的。

利用这种方法，科学家已经获得了许多自发疾病的动物模型。例如：免疫缺陷的裸鼠，就是科学家在饲养小鼠的过程中偶然发现有的小鼠无毛，分析发现其同时具有免疫缺陷，科学家设想免疫缺陷鼠将具有巨大应用前景，因此将其近交饲养，最终获得一个稳定的免疫缺陷的小鼠品系。同样，自发肥胖的小鼠模型，也是通过对偶然发现的突变的肥胖小鼠的近交选育而获得的动物模型，它在出生 4 周后开始出现肥胖的表型，不需要特殊饮食饲喂，就能自发肥胖。

自发性的基因突变可以导致小鼠生病，同样，人为方法造成的基因突变也可以导致小鼠生病。人为造成基因突变的方法有2种，一种是基因工程的方法，即通过分子生物学的方法，将特定的基因导入动物体或从动物体内删除某个基因，从而按照设计需求，获得某个特定基因突变的突变系动物，使用这种方法，科学家就能够根据研究需要获得相应的带有目的基因的突变动物，极大地

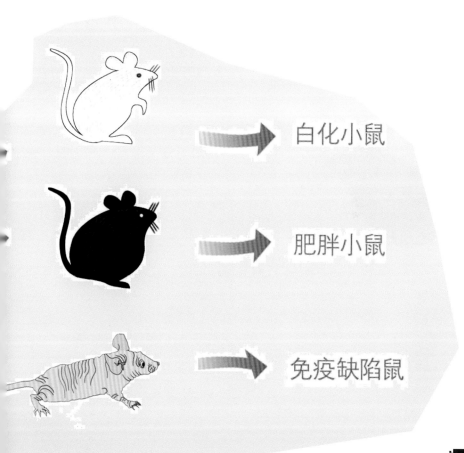

白化小鼠

肥胖小鼠

免疫缺陷鼠

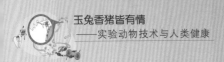

满足了科学研究的需要。另一种方法，是通过会导致基因突变的有毒试剂，如乙酰基亚硝基脲（ENU），进行人为的化学诱导突变，用这种方法可以在短时间获得大量的突变体，从中挑选有意义的表型进行培育，获得数量众多的突变系动物。

用基因工程的方法制作基因小鼠

ENU化学诱变

出现更多不同性状的小鼠

自发疾病的动物模型还包括普通动物自然饲养的过程中出现的疾病，诸如肿瘤、高血脂、中风、老年痴呆等疾病模型。

自发疾病的动物模型，其发病过程与人类的自然发病过程类似，是药效研究的常用动物模型。自发疾病的动物模型，为我们免去了使用化学试剂以及手术造模的麻烦，且培育建系之后，使世界不同地方的研究者都能使用同样的研究材料，更有利于他们之间的交流与科技进步。

延伸阅读

目前，成熟的小鼠自发疾病模型有 300 多种，包括自发突变、转基因以及基因敲除的小鼠品系，这些特殊的小鼠由特定的饲养机构保存饲养。例如，美国的杰克逊研究所、中国的南京大学模式动物研究所（MARC）。南京大学模式动物研究所是中国最大的遗传工程小鼠资源库，目前拥有 481 个小鼠品系，包括心血管、肥胖、糖尿病、免疫缺陷、老年痴呆、肿瘤等多种动物模型。

诱发疾病的动物模型

尽管自发疾病的动物模型多种多样，但仍然不能满足科学研究的需求，自发疾病的突变系动物仅限于小鼠、大鼠等小动物，而对于猪、犬、猴子等大型实验动物而言，通过近交传代 10 代以上建立突变系，就显得比较困难，且即使建立了足够多的突变品系后，这些突变系的统一饲养保种也是一件难事。而科学研究，仅仅依靠大鼠、小鼠等小动物是远远不够的。因此，可以通过对健康的动物进行手术操作或注射化学试剂来诱导动物生病，这种通过手术方法或化学方法制作的动物疾病模型叫做诱发性动物模型。

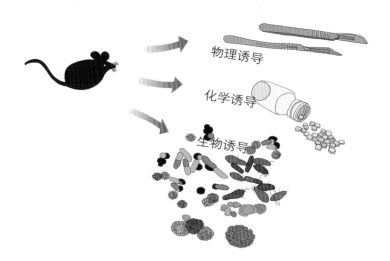

物理诱导

化学诱导

生物诱导

诱发动物患上某种人类的疾病的方法，是参考这种疾病的发病机制来进行的。包括物理诱导、化学诱导、生物诱导和基因工程的方法。

物理诱导诱发疾病模型有手术切除胰腺制作动物糖尿病模型、手术结扎兔的冠状动脉前降支制作急性心肌梗死模型、紫外灯照射制作的紫外线皮肤损伤动物模型、裸鼠皮下移植肿瘤细胞或肿瘤组织块制作的裸鼠肿瘤模型等。手术动物模型和移植动物模型能在短时间内大量复制，是一类特殊的诱发性动物模型，在医学研究中占有十分重要的地位。

化学诱导的方法包括用腹腔注射破坏胰岛细胞的化学试剂（四氧嘧啶或链脲佐菌素）制作糖尿病动物模型和在大鼠鼻腔皮下注射致癌的化学试剂（硝基哌嗪或二甲基胆蒽）制作大鼠的鼻咽癌模型，还有用四氧化碳注射制作肝坏死动物模型。

生物诱导法制作的动物模型是用致病的病原微生物感染某种动物获得的，包括用结核杆菌感染动物制作肺结核动物模型，用

流感病毒感染动物制作流感动物模型，用致癌的 EB 病毒基因制作鼻咽癌动物模型等。

同一种疾病，可能有多种诱发方法。不同的诱发方法，就是模拟了不同的致病因素来诱发同一疾病。例如，肿瘤是造成人类死亡的第一大杀手，可是致癌的原因却是多种多样的，有化学物质（苏丹红、亚硝酸盐、黄曲霉毒素等）、物理因素（核辐射、紫外照射、器官的长期炎症损伤等）以及某些病毒（致鼻咽癌的 EB 病毒）。那么，通过不同的方法就能模拟不同发病机制的肿瘤模型。制作肿瘤模型的方法是多种多样的：使用致癌的化学试剂，如将硝基哌嗪、二甲基胆蒽等注射到大鼠鼻腔皮下能诱发大鼠鼻咽癌（带苯环的化学试剂都致癌）；将肿瘤细胞移植到裸鼠皮下，也能长出典型的瘤块；通过基因工程的方法使小鼠的癌基因异常表达，也能制作出小鼠的肿瘤模型。

通过转基因技术、基因敲除技术结合克隆技术等基因工程方法可以制备出转基因动物模型，如前面介绍的 HBV 转基因小鼠。

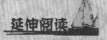

糖尿病是人类最常见的慢性病之一，严重危害人类健康。目前，糖尿病在中国的发病率达到9.7%，也就是说，差不多每10个人里面就有1个会得糖尿病，其发病与遗传、饮食习惯等因素有关，直接原因是人胰腺中的胰岛细胞不能分泌胰岛素，使血液中的糖不能被吸收利用，而造成长时间高血糖。

糖尿病动物模型的制作方法有很多种，包括手术切除胰腺法、高糖高脂饲喂法（物理诱导的方法）、四氧嘧啶或链脲佐菌素诱导法（化学诱导的方法）等。

1. 手术切除胰腺法

常采用犬、猫和大鼠等造模，全部或大部分切除实验动物的胰腺，使之不能正常分泌胰岛素。如果连续两天血糖值超过11.1 mmol/L 升则认为糖尿病造模成功。其机制是全部或大部分切除胰腺后，β 细胞缺失而产生永久性糖尿病。

2. 高糖饲喂法

选用5周龄自发性高血压大鼠，饲喂含54%蔗糖的饮食。1个月时，观察到口服葡萄糖糖耐量实验异常，6个半月时胰岛素反应异常，9个月时

可见体重减轻、衰弱。

3. 化学药物诱发法

①四氧嘧啶法。SD 大鼠 200g 左右，雌雄不限，40 mg/kg 四氧嘧啶静脉注射 1 次，观察血糖 > 300 mg/dl，持续 2 周可以认为造模成功。

②链脲佐菌素法。将链脲佐菌素在酸化生理盐水中溶解成 1% 溶液，给大鼠静脉注射 40~100 mg/（kg·次）。观察血糖 > 400 mg/dl，持续 3 天即可认为是造模成功。

原理是四氧嘧啶和链脲佐菌素能破坏胰岛 β 细胞。

诱发性动物模型制作方法简便，实验条件容易控制，重复性好，在短时间内可以大量复制，广泛用于药物筛选、毒理、传染病、肿瘤、病理机制的研究。

3 动物模型用处大

神农不必尝百草

古代医学由于动物实验不发达，各种研究只能在人体上进行。如中国古籍记载 "神农尝百草，一日而遇七十毒"。神农氏，就是上古传说中的炎帝，是我们炎黄子孙的祖先，传说神农一生下来就是个"水晶肚",几乎是全透明的,五脏六腑全都能看得见,还能看得见吃进去的东西。那时候,人们经常因乱吃东西而生病,甚至丧命。神农氏为此决心尝遍百草,能吃的放在身体左边的袋子里,介绍给别人吃。不好吃的就放在身体右边袋子里,作药用。不能吃的就提醒人们注意。神农氏不仅指导人们耕种,开创农业,还通过遍尝百草,开创医学,著有《神农百草经》。但是,最终神农也死于一种毒草。

由此看来，以身试药的方法，存在很大的风险，利用实验动物疾病模型来研究人类疾病，可以避免在人身上做实验所带来的风险。诸多的疾病动物模型，能代替人类接受试药，为人类寻找更多有效的新药提供了可能。现代生物医药研究正是因为大量的使用了实验动物，才得到了极大的发展。

在古代，天花、鼠疫、肺结核等都是让人听起来就非常害怕的传染病，经常导致成千上万人的死亡。

天花，是世界上传染性最强的疾病之一，是由天花病毒引起的。天花病毒有高度传染性，主要通过飞沫吸入或直接接触而传染。中国明代的医学家，以及18世纪的欧洲科学家，通过对动物的观察实验，学会用给人接种"牛痘"的方法来预防天花。至今，这种烈性传染病已经在全球销声匿迹。

法国微生物学家巴斯德在研究传染病时发现，得过传染病的动物就会获得对这种疾病的抵抗，因此他在犬身上做实验，从狂

犬病病犬的唾液中提取病原微生物，制成减毒的疫苗，将这些疫苗注射到犬体内，犬就能抵抗狂犬病毒的再次感染。

1885 年，有人把 1 个被疯犬咬伤的 9 岁男孩送到巴斯德那里请求抢救，巴斯德在做了大量动物实验的基础上，就给这个孩子注射了毒性很低的上述提取液，然后再逐渐用毒性稍强的提取液注射。巴斯德的想法是希望在狂犬病的症状发生之前，使他产生抵抗力，结果巴斯德成功了，孩子得救了。巴斯德的这种注射减毒活疫苗免疫疾病的方法，在传染病领域发挥了极其重要的作用，使得其他烈性传染病如天花、鼠疫才相继得到控制，现在已经基本灭绝。正是通过动物实验，巴斯德发现了使用疫苗预防传染病的方法，才得以让人类战胜这些可怕的传染病。

用人体进行实验存在很大的局限性，病人数量少，难以获得，而且病人个体之间差异性大。而使用实验动物，就能在实验室制作出大量的表现形式相似的动物模型，供研究使用，且在使用实验动物研究治疗方法时，可以大胆地对其进行手术操作和药物处理，必要的时候，甚至可以处死动物。这些都是人体实验所不能达到的。

乙肝是由乙肝病毒感染人体引起的一种传染病，严重时引发肝炎、肝硬化、肝癌等。研究乙肝的发病机制及治病方案时存在的限制是乙肝病毒（HBV）仅仅能感染人和黑猩猩，缺少简单易用的乙肝动物模型。广州军区 458 医院刘光泽等人将 HBV 基因导入小鼠体内，获得的 HVB 转基因小鼠血清能检测到 HBV 表面抗原，根据此动物模型，科学家对乙肝病毒导致的乙型肝炎开展了更深入的研究。

"非典"的故事

2002 年底，中国广东等地出现了多例原因不明的、危及生命的呼吸系统疾病。随后，越南、加拿大和中国香港等地也先后报道了类似病例。世界卫生组织将此类疾病命名为"严重急性呼吸综合征（SARS）"，也就是我们耳熟能详的"非典型肺炎"。病情随后扩展到全球范围，疾病传染性极强，病死率达 11%。研制非典疫苗成为攻克病魔的关键。中国医学科学院实验动物研究所用恒河猴制作了感染 SARS 病毒的动物模型，用此模型来评价 SARS 疫苗的有效性。2004 年 5 月 22 日，4 名志愿者在中日友好医院接种了世界上第一支 SARS 活体灭活疫苗。12 月 5 日，SARS 灭活疫苗 I 期研究揭晓，接种疫苗的受试者全部产生抗体。

罕见病可"复制"

临床上有一些罕见的疾病，如放射病、毒气中毒、亨廷顿舞蹈症等，病例较少，发病率低。另外，有些疾病如肿瘤、高血压

等发病都有一个漫长的过程,病程长达几年到几十年。对于这些疾病,如果只以人为研究对象,将面临研究对象非常缺乏的状况,而使用实验动物,就可以按照设计,在短时间内复制出大批量的这些疾病模型,非常有利于科学研究。

正常情况下,人暴露于放射源的机会是很少的。但有时由于人为事故或职业等因素,人得放射病几率大大增加,如切尔诺贝利核泄漏事故、美国宾夕法尼亚州三英里岛核电站事故、2011年日本福岛核电站事故等,数以千万计的居民在放射病的折磨下痛不欲生。探究放射强度、暴露时间、对人体的损伤程度,需经过多次实验进行摸索。正常情况下,人类不可能长时间、多次暴露于放射性环境中,而实验动物的出现为研究的开展提供了可能。南方医科大学王玉珏博士用 ^{60}Co 射线对西藏小型猪进行照射,获得西藏小型猪的辐射损伤模型,研究其各个脏器的病理变化,为辐射病的研究及治疗提供了良好的实验材料。

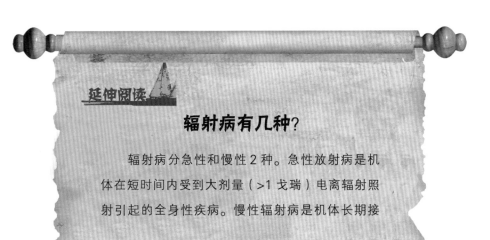

延伸阅读

辐射病有几种?

辐射病分急性和慢性2种。急性放射病是机体在短时间内受到大剂量(>1 戈瑞)电离辐射照射引起的全身性疾病。慢性辐射病是机体长期接受小剂量射线辐照所致。有头晕、食欲不振、脱发、白细胞减少等症状。引起放射病的射线有 γ 线、中子和 X 射线、紫外线等，这些高能射线能破坏照射部位的离子平衡，杀死正在分裂中的细胞，因此对肿瘤细胞、白细胞等分裂旺盛的细胞有很强的杀伤作用，发生辐射病的成因包括：一次性大规模核泄漏、长期操作 X 光机、放疗副作用。

另外，现在电子产品满世界，我们家里的电视、电脑、手机会发出波长较长的电磁辐射，这种电子产品的辐射剂量虽然很低，但是长期的辐射对人体也有一定程度的危害，我们应该避免长时间使用这些电子设备，应当注意适时休息，多去大自然中走走。

特殊的动物模型

有些动物，由于其解剖结构、生理功能独特，特别适用于制作人类疾病模型。例如，沙鼠缺乏完整的脑基底动脉环及动脉环后交通支，可以结扎一侧颈动脉制备脑梗塞、脑缺血模型；鹿的正常红细胞就是镰刀形的，多年来一直用于镰刀形红细胞贫血症的研究。

不爱生病的动物

在自然界中，有些动物从不爱生病。

鲨鱼　将鲨鱼养在封闭的充满致癌物质的海水里，数年之久都不会生癌。原来，鲨鱼软骨中有一种能抑制实体瘤细胞生长的物质，叫抑制血管生长因子。科学家研究表明，鲨鱼软骨能增进抗体产生，激活体内免疫系统中重要功能细胞，如T细胞、B细胞和巨噬细胞等。鲨鱼软骨所含粘多糖、硫酸软骨素就是提高免疫功能和抑制炎症反应的主要成分，几乎对所有细胞都具有免疫力。

蚂蚁　蚂蚁生活在阴暗、潮湿的地下，然而它们却从来不生病。澳大利亚科学家揭示了其中奥秘。原来，蚂蚁有抗菌的腺体，具有特异免疫功能，能够抵御葡萄球菌和其他多种疾病。此外，蚂蚁分泌蚁酸，而蚁酸有很强的杀菌作用。

蜜蜂　蜜蜂也很少生病。科学家发现，蜜蜂体内含有一种蜂胶的物质，它对病菌、霉菌具有较强的抑制和杀灭作用。

不生病的动物对人类有所启迪。美国专家对晚期癌症病人采用鲨鱼软骨粉治疗，结果肿瘤缩小。蚂蚁分泌的蚁酸有很强的杀菌作用，人类以蚁酸为原料制成新药，为人类健康服务。近年来，人们利用蜂毒抑制风湿性关节炎，利用蜂胶调节人体分泌系统、分解体内毒素、净化血液循环，为人类健康带来了福音。

五　人文关怀
——善待实验动物

小故事

"虎守杏林"的故事

"虎守杏林春日暖",这句诗说的是三国时期吴国名医董奉的故事。董奉的医术高妙,许多病人经他医治后都痊愈而归,所以远近的病人都来找董奉医治,董奉则无论贫富,来者不拒,治病不计报酬,对穷人还赠医赠药,分文不收。不过,他看病却有一条奇怪的规定:凡治愈者都要在他的房前屋后种杏树,轻病治愈的要种1颗杏树,重病治愈者要种5颗杏树,而病人在恢复健康后也心悦诚服,心甘情愿地种杏树。几年后董家周围已种满了杏树,俨然一片"杏林",后人就以"杏林"比喻中医药。

有一次,董奉出诊回家,路边茅草丛中忽然传来异响,他定睛一看,着实吃了一惊,原来茅草丛里竟伏着一只老虎!他想跑却不敢跑,因为老虎正定睛望着他,他一跑老虎肯定一扑便会扑倒他,他再看那老虎,它却摇头晃脑,神情十分痛苦。董大夫见此情景,猜想那老虎大概有病,便大着胆子走近老虎,只见老虎的嘴巴一张一合的,似乎是想要董大夫为它看嘴巴。董奉于是仔细为虎望诊,很快就发现老虎喉咙里卡了异物,他于是把衣袖卷了起来，壮起胆来伸手从虎喉中取出了异物，这才发现那异物竟是一根大骨头。老虎的痛苦被解除了，不过，它并没有掉头离去，而是跟在董奉身后来到杏林旁边，然后伏下身子为董大夫守护杏林。

在杏林里的杏子将要成熟之际，董大夫找人在杏林边建起来一个谷仓，然后向人们宣布：凡是买杏子的人都不用交钱，而是要带粮食来换，一斗杏子换一斗粮食。收购杏子的人非常高兴，因为杏子的价格显然比粮食贵，开开心心地把粮食倒进谷仓。看守杏林的老虎十分尽责，远远地监视着取杏子的人。人们十分敬重董大夫，从来不会多取杏子，何况还有老虎看着哩。但有一个贪心的人却欺负老虎不识数，在取杏子时多拿了不少，老虎一看便大吼一声，把贪心者吓坏了，挑起担子便逃，把多取的杏子都洒出来了，他回家后一过斗，挑回家的杏子竟然恰好与他倒进谷仓的粮食相当。从此便有了"虎守杏林春日暖"这个诗句。由此可见，任何动物都有七情六欲，即便是凶猛的动物都懂得知恩图报。

人与动物是朋友，为了生态的平衡，人们应当善待动物；为了人类未来的幸福，人们更应当善待实验动物。正如珍妮·古道尔所说："动物和人一样，有喜乐悲伤和恐惧失望等情绪及身心痛苦。"

1 动物福利的来龙去脉

来之不易的动物福利

很久以前，人们自以为是世界的主宰，在对待动物的问题上存在着错误的观点，他们普遍认为，动物就是动物，是天生为人类所用的，和人们日常使用的机器一样毫无权利可言。但是大量的事实表明，动物也有情感，也有喜怒哀乐。就拿和人类接触最多的犬来说吧，作为人类的好朋友，义犬救主的故事，古今中外比比皆是。18 世纪初，欧洲的一些学者提出了动物和人类一样有感情、有痛苦，只是它们无法用语言来表达，但是最早由英国的政治家马丁提出要善待动物并且要立法的时候，遭到了很多人的嘲笑和反对。

那么，什么是动物福利呢？动物福利并非就是不能利用动物，而是应该怎么样合理、人道地利用动物。简而言之，就是让动物在健康快乐的状态下生存，其标准包括动物无任何疾病、无行为异常、无心理紧张压抑和痛苦等。看到这里，大家不免要问，动物福利和我们有什么关系呢？其实，我们周围的动物都在福利保护的范围之内，比如农场动物、实验动物、伴侣动物、工作动物、娱乐动物和野生动物，但是蚊子、蟑螂、跳蚤、苍蝇等害虫却不在被保护之列。举个最简单的例子，大家还记得前一段时间美国一家动物保护组织公开一段麦当劳虐鸡视频吗？视频显示大量母鸡被塞在狭小的鸡笼内，公鸡被扔进塑料袋内窒息扼杀，这个就违背了动物福利的基本要求。

虽然动物福利最初的提出被人们认为是可笑和荒谬的，但是，随着时代的发展与人类文明的进步，爱护地球、保护自然、善待一切生命，已逐渐成为全人类的共识。人们渐渐意识到，保护动物，为动物立法，在一定程度上是限制了人类处置动物的自由和权力，却体现了人类的文明意识、生命意识和道德伦理意识，有助于人类与自然的和谐及人类自身社会的和谐发展。

马丁和《马丁法令》

英国最早的动物福利法《马丁法令》的诞生，并不是一帆风顺的。马丁议员曾经多次向议会提交动物福利的议案，但是一直被否决。有一次，一位议员傲慢地奚落马丁，责问他动物怎么会懂得什么是虐待。马丁突然挥拳，将这位议员打得

蒙了。马丁说："动物是没有办法开口求饶的，因此，它们更需要保护。"终于，第一部动物福利法案于1822年在议会获得通过。由于他在推动立法方面的贡献，国王给了他"仁慈马丁"的绰号。此后，西方国家开始了动物福利的立法运动。

世界各地动物福利概览

在近代，走在动物福利立法道路上的先驱是英国人。1809年，苏格兰的厄斯金勋爵在国会提出禁止虐待马、猪、牛、羊等动物的提案，这项提案虽然在一片哄笑声中遭到下院的否决，却引发了人们如何正确对待动物的思考，使得动物保护的思想日渐成熟。1822年，"人道主义者"议员马丁提出的《禁止虐待动物法令》顺利在英国国会通过，也就是著名的《马丁法令》，成为动物保护历史上的里程碑。1824年，英国成立了防止虐待动物学会，在随后的100多年的时间里，英国人一直致力于动物的福利问题，并于1986年首先提出并通过了"科学实验动物法"，开创了实验动物福利的先河。

美国的动物福利运动稍稍晚于英国，但是却做了大量广泛细致的工作，使动物福利的理念深入人心，比如创建了"防止虐待动物学会"、成立了"美国动物保护协会"、通过了联邦人道屠

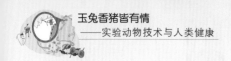
宰法并出版了《实验动物管理及使用指南》等等。1966 年，美国
国会通过"动物福利法"，禁止虐待的动物包括犬、猫、非人灵
长类、豚鼠、仓鼠和兔。此后，美国农业部门不断修订此法案，
不仅扩大可享受福利的动物种类，还加入了对实验用动物的环境
设施及在实验过程中尽量减少动物的痛苦和不适的要求，可适当
使用麻醉剂、止痛药和安死术等内容，还对各种科学实验用的动
物的饲养条件和环境管理、饲养人员及专业兽医师的职责和要求
等等做了详细的规定和说明。

　　法国在格拉蒙将军创立的动物保护协会的推动下，通过了反对虐待动物的《格拉蒙法令》，如果有人虐待动物将会受到法律的严惩。在德国，动物享有和人平等的某些权利，动物界里的首富就是来自德国的一条牧羊犬，它继承了主人的上千万美元的遗产，并配有专人的司机、厨师和仆人，以及财务总监帮它打理生活上的一切。此外一些国际性动物保护公约，比如《保护农畜欧洲公约》和《保护屠宰用动物欧洲公约》对欧洲国家的动物福利立法起到了促进作用。

　　我国的动物保护立法起步较晚，而且只是针对野生保护动物和科研实验动物制定了相应的法律法规。国家林业局表示，目前我国濒危野生动物数量呈现出稳中有升的良好态势，一些极度濒危的物种已经摆脱了灭绝的危险，同时野生动物的福利状况也有了很大的改善。

　　截至 2011 年底，我国已经建立 2 600 多处自然保护区（不含港澳台地区），总面积为 149 万千米 ^{2}，陆地自然保护区面积约占国土面积的 14.93%，先后建立起 16 处野生动物救护中心。在全国各地设立了 310 多处野生动物救护站点，对伤病等非正常来源野生动物进行救治，并适时放归自然。对于野生动物福利，我国在

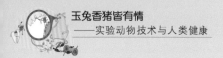

建立保护区、立法以及遵守国际公约等方面做得较好。如大熊猫、白鳍豚、扬子鳄、藏羚羊、普氏野马享受到良好的福利待遇。2001 年,新疆卡拉麦里自然保护区成为举世瞩目的焦点。比大熊猫还珍贵的世界上唯一存活的野马中的一批——普氏野马野生种群在这里放生,回归大自然。

相比较野生动物福利而言,我国家养动物的福利状况还有待改进。目前,对于家禽、家畜尚无具体相关动物福利的法律出台。法制的缺失,导致动物饲养、运输、屠宰中动物福利几乎处于完全失控状态。动物饲养密度太大、空气差,运输更是路途遥远、日夜兼程,而且动物不能站立、饮水、进食,加上日光暴晒,不免时有死亡,就是侥幸不死的动物到达目的地时,几乎也都昏昏沉沉、奄奄一息。

四分之一个世纪过去,经过无数科学家的共同努力、大力呼吁,终于引起了政府的高度重视。1988 年,《中华人民共和国实验动物管理条例》对实验动物的生产和动物实验条件都做了严格规定,明确提出了在科学研究中对实验动物要"必须爱护,不得戏弄和虐待"。我国实验动物的福利,在硬件建设上,经济发达地区科研院所、大专院校、制药企业已有很好的实验动物设施。在国家科技部和各级政府部门加上实验动物学界同行们的共同努力下，对从业人员进行相应培训，执行相应法规标准，各单位大多成立管理委员会，近年还成立伦理及福利委员会，20多年走过了西方六七十年的历程。沿海城市许多方面已接近发达国家水平，但仍存在较大差距，譬如垫料问题、动物实验过程中的福利问题、伦理审查制度的实施问题，尚未在全国范围内立法，也严重制约了管理进程和行业进步。

动物的五大自由

最初的"动物福利"不过是畜牧业按照动物生理需要和人类对它们的要求而有意识地改善饲养管理条件，目的是使它们更好地为人类服务。后来的动物福利对象又逐渐扩展到包括实验动物在内的其他动物。

考林斯伯在《动物福利》一书中列出动物福利应遵守的五大自由原则为：①不受饥渴的自由（生理福利），稳定食用新鲜的水和日粮来保持良好的健康和充沛精力；②生活舒适的自由（环境福利），供给一个适宜的环境，包括居所和舒适的休息区；③不受痛苦伤害、疾病折磨的自由（卫生福利），预防疾病或患病后给予迅速的诊断和治疗；④表达天性的自由（行为福利），给予足够大的空间、适当的备用品以及同种动物做伙伴；⑤无恐

惧、悲伤的自由（心理福利）。为达到上述五大自由，要求生产过程中，要安排有同情心的人制订生产计划和妥善管理，饲养人员应知识丰富、尽职尽责，设计建造舒适的环境；管理运输考虑周全；实施安乐死（人道无痛屠宰）。

照镜子排解孤独、听音乐放松心情、看电视增加视觉享受……这是人的待遇吗？不！这些贴心的福利措施，对象全部都是实验动物。在这个神秘的实验动物大家庭中，光是身体健康还远远不够，它们的精神状态和行为习惯也直接影响着实验结果。实验动物和人一样，如果精神健康长期得不到关注，也可能患上"抑郁症"等精神疾病。所以，动物福利的实施，比如饲养员每天为它们提供营养均衡的可口"套餐"，每天进行环境清扫，为其提供舒适的生活环境并有专职的兽医对其健康状况进行监控，这就增添了实验动物的生活情趣，让它们在轻松、快乐的环境下成长。

2　善待实验动物

在冷得让人发抖的冬天，住在恒温25℃、湿度60%的房子里，喝无菌水，听音乐……享受这种待遇的可不是哪家的小宝贝，而是常年居住在实验动物中心的实验动物。谁要是侵犯了它们的"福利"，可是违规的。从2010年10月1日起，《广东省实验动物管理条例》开始施行，该条例对这些实验动物的吃喝拉撒、生老病死都做出了明确规定。

实验前层层把关

你知道吗？所有合格的实验动物饲养基地都必须有《实验动物生产许可证》，凡进行动物实验需要有《实验动物使用许可证》。这是因为实验动物饲养的环境条件对动物机体的繁殖、遗传、生理和病理都有极大影响。环境条件包括居住、气候、微生物和营养等，其中最主要的是实验动物房的设计，对环境温度、湿度、气流速度、照明、噪声、氨气浓度以及笼具等都有一定要求。所以，

所有的实验动物都应是在精心选择的适合它们生存的环境中生活的。

就拿实验猪来说吧，在正式进行动物实验前，过着"养尊处优"的生活，它们躺在柔软的垫料上休息，怀孕的猪妈妈单圈饲养，刚出生的猪宝宝都配备有保暖灯。实验前，专职兽医会对其身体状况进行全面详细的检查，清洗消毒、隔离烘干，如有不适即隔离治疗，痊愈后方可"上岗"。

实验中善良抚慰

实验动物在手术前先镇静后麻醉，还要防止其窒息，躺着要舒服，加上保温垫。

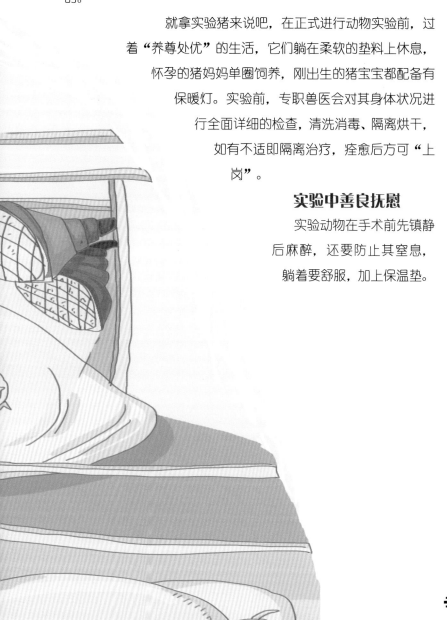

术后要注意护理，抗感染，加强营养。这样可以最大限度的减少动物的痛苦，保证实验的顺利进行以及提高实验结果的可靠性。实验中需对其心跳、呼吸、血压、体温等生理指标进行实时监测。

手术过程中需常常"嘘寒问暖"，善良抚慰，做好保暖工作。

实验过程中需遵循替代原则，所谓替代就是应用微生物、细胞、组织、离体器官等替代动物活体实验，亦可用低等动物替代高等动物。甚至用化学分析技术、电子计算机模拟代替整体动物实验。替代原则的使用，大大降低了活体动物的使用，使许多可爱的实验动物免受折磨。

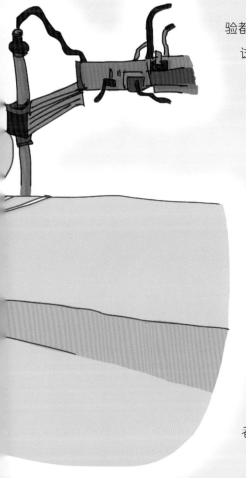

早期测试化妆品对眼部的刺激实验都是用可爱的小白兔来做的，将测试物质抹入兔的眼睛，放置数天，直到眼睛开始受损坏死，这种方法极不人道。1991 年，哈格纳提出改良的鸡胚尿囊膜绒毛膜法。鸡胚尿囊膜绒毛膜是鸡胚的呼吸膜，血管丰富，紧贴于蛋壳膜下。鸡胚尿囊膜绒毛膜试验就是通过观察尿囊膜暴露于化学物质后血管的变化 ——充血、出血和凝血，并计算刺激分值，然后根据结果对受试物评分，这样就可以知道这种化学药物对人类的眼睛是否有刺激作用。这种方法客观科学，得到多数学者的认可。

动物实验三原则

　　动物实验是以动物为载体，在特定的条件下进行特定的处理，以得到预期的目的和结果的过程，它推动了整个生命科学的发展。随着科学技术和人类文明的进步，对实验动物的要求达到了更高的水平。动物福利作为一个不可回避的问题，始终贯穿于不同层次的生命科学研究中。就实验动物而言，为获得高质量的实验动物，人们为实验动物提供了极其优越的生活条件和环境，客观上满足了实验动物在这一方面的福利要求。但是，各种形式的实验都会给动物带来不同程度的疼痛和痛苦，虽然外科麻醉可以减轻或避免动物的疼痛，但是还有一些毒性试验和人类疾病实验动物模型的制作给动物带来的痛苦是无法避免的。有没有可以替代实验的方法，减少活体动物的实验，避免漫无科学目的的实验，将实验动物的痛苦减少到最低？为此科学家们提出实验动物 3R 理论（替代、减少、优化），倡导在善待实验动物的同时，合理科学人道地使用实验动物。

1. 替代

　　替代是指使用没有知觉的实验材料代替活体动物，或使用低等动物替代高等动物进行实验，并获得相同实验效果的科学方法。实验动物的替代物范围很广，所有能代替整体实验动物进行实验的化学物质，生物材料，动植物细胞、组织、器官，计算机模拟程序等都属于替代物，也包括低等动、植物。还有小动物替代大动物以及方法和技术的替代。

2. 减少

减少是指在科学研究中，在动物实验时，使用较少量的动物获取同样多的实验数据或使用一定数量的动物能获得更多的实验数据的科学方法，减少的目的不仅仅是降低成本，还在于用最少的动物达到所需要的目的，同时也是对动物的一种保护。

3. 优化

优化是指在必须使用动物进行实验时，尽量减少非人道程序对动物的影响范围和程度，可以通过改进和完善实验程序，避免、减少或减轻对动物造成的疼痛和不安，或为动物提供适宜的生活条件，以保证动物的安康和试验结果的可靠性。

实验后仁慈终点

实验结束后，需要根据不同的实验情况来处理动物，对于那些因实验造成巨大伤害又不可恢复的动物应实施安乐死，以减轻其痛苦。对于症状较轻者尤其是灵长类动物给予积极治疗，使其颐养天年。

非人灵长类颐养天年

　　如果没有亲人照顾，人老了可以去养老院，可是你听说过黑猩猩老了也可以住"养老院"吗？在美国路易斯安那州就有这样一个"黑猩猩"养老院，这个"养老院"坐落在一片占地约 80 万米^2 的茂密丛林中，每个黑猩猩都有自己的房间，屋内设备一应俱全，不光有电视、录像机、DVD 播放器还有可供娱乐的游戏室及健身房。一日三餐都是根据膳食营养，精心搭配。如果黑猩猩生病了，还有兽医专家来给它看病。并不是所有的黑猩猩都能享受这样的待遇，这里收留的黑猩猩大多都是经历过美国航空航天太空实验的试验品，还有一些是来自美

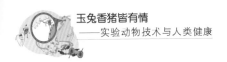

国生物科学实验室的幸存者及从影视行业中退休的"老演员"。直到 2006 年，美国政府斥资 1500 万美元建造了这所养老院，使得这些黑猩猩能够颐养天年，养老院的负责人琳达说："我们欠这些动物实在太多，它们为人类的太空计划和生物研究贡献了一生。现在该轮到我们来回报这些黑猩猩了。"

国外的黑猩猩可以享受如此幸福的待遇，国内的情况又是什么样的呢？2010 年 10 月广东省立法保护实验动物的福利和安全，对于实验动物的生产环境及设施、笼具、饲料、饮用水等等都有了严格规定，对于实验动物进行手术麻醉和术后处死等做了明确的要求。以南方医科大学东莞松山湖实验动物科技园为例，科技园坐落在风景优美的松山湖畔，一栋栋饲养楼舍红墙绿顶，在蓝天白云绿树的衬托下分外好看，如果仔细一瞧，还会发现有几栋楼舍和别的更有不同，这几栋楼舍的屋顶是玻璃的，这就是猴舍。

猴舍的玻璃屋顶有特殊的电动控制装置，晴天的时候，猴子们可以到二楼晒太阳，下雨了，玻璃的屋顶又可以合拢，既挡雨又不影响室内的采光。猴舍内不仅有吊环、爬梯、蹲架，还配备了音响，这就满足了猴子也喜欢听音乐的需求。当然，它们的伙食更不用说了，全是营养餐，鲜奶、鸡蛋，还配有新鲜的果蔬。

园区的负责人说，提倡动物福利并不是反对用动物进行科学实验，现代生命科学还离不开实验动物这一人类替身。通过动物实验，可以揭示生命的本质、发现遗传的奥秘、攻克各种顽症，最终为人类和动物的健康服务。

3　动物福利对社会的影响

动物福利与道德伦理

负责的科学家深知，科学研究与善待动物是相辅相成的，我们不能容忍残杀或不人道的对待任何实验动物。

——《美国动物福利法案》

动物福利理念是建立在人类文明道德伦理基础上的。爱护动物、善待动物是人类的责任，是人类文明道德的体现，也是人与大自然和谐发展的需要。动物实验推动生命科学进步，高等动物在本质上与人类并无区别。动物与人有共同的进化起源，共用一套遗传密码，因此可以用动物体复制人类疾病模型，有利于科研工作者找到破解遗传密码的方法，缓解人类的痛苦。实验动物作

为人和其他动物的替难者，献身生命科学，其本质是牺牲，是奉献。
在我国，很多高等院校和科研院所都为这些为人类奉献生命的实验动物建立纪念碑或慰灵碑，不仅仅是为了表达对献身科学的实验动物的感激和缅怀之情，还警示从事实验动物工作的教学科研

人员，工作中要怀有感恩的心情，尊重和善待这些可爱的实验动物。

　　善待实验动物不单是文化修养、文明道德问题，也是技术和科学问题。实验进行时的粗暴行为会引起应激，干扰实验结果的可靠性。在辛格《动物解放》一书的影响下，一些极端动物保护主义者捣毁动物实验的实验室、焚烧实验记录、恐吓科研人员，给人们带来了巨大的经济损失，也扰乱了社会秩序。中国人民解放军医学实验动物专业委员会在首届实验动物伦理研讨会中，通过广泛的交流和探讨，与会专家达成共识。他们认为："实验动物伦理学要求人类在进行医学研究的过程中考虑动物的利益，但并不禁止动物实验。在现阶段，世界各国都不可能取消动物实验，在人类当中，个人可以为了集体利益而牺牲，在动物界，即使没有人类的干预，也有为了群体而牺牲个体的现象，同样作为实验动物的个体为了包括人类在内的整个动物界这个大群体的健康牺牲也是值得的，所以以牺牲少数实验动物而促进人类及动物医学的发展是必要而且可行的。"

动物福利与经济发展

　　近年来，许多国家在动物福利方面做出不少努力，通过立法保护动物，给予它们必要的福利待遇。但是国家和国家之间不同的动物福利标准，却给国家间的经济发展带来了不小的壁垒。

2003 年欧洲议会与欧盟理事会通过了一项法令，要求在 2009 年之后，在欧盟范围内禁止用动物进行化妆品毒性和过敏试验，也不允许其成员国从国外进口和销售违反上述禁令的化妆品。但是，根据美国的法令，化妆品必须首先在动物身上做过实验才可以上市，而美国每年向欧盟出口的化妆品价值十多亿美元，这样一来，大大影响了美国的化妆品出口。

在我国，由于经济水平、生产方式、消费结构和传统习俗与西方发达国家存在很大的差异，尤其是农场动物的饲养、运输和屠宰未能达到国外动物福利的要求，因而对我国禽畜产品的出口影响较大，受到波及的还有我国的中草药出口、中餐业服务贸易出口、化妆品出口及皮毛出口。

动物福利是一个复杂的问题，不仅仅涉及动物保护和国际贸易，与社会的自身发展也有关系。为了发展国家经济，我们要想方设法突破动物福利壁垒，广泛进行科普宣传，培养理性消费观念，从思想上重视动物福利问题，加快相关立法、规范管理，促进贸易发展。

实验动物为科学进步、社会发展和人类健康做出了巨大的牺牲和贡献，它们是生命科学发展的基石，是人类健康的阶梯，更应该得到人类的关爱。实验动物是人类的替难者，它们为人类的健康医药事业做出了极大的贡献。它们活着的时候我们应该善待它们、保护它们、爱惜它们。它们死后，也要记得它们为人类和动物的健康事业做出的牺牲和贡献，不妨为它们树碑立传。